낯선 기술들과 함께 살아가기

미래 과학은 우리 삶을 어떻게 바꿀까?

낯선 기술들과

자율 주행, 인공지능, GMO, 신경 과학
일상 속에 들어온 과학기술 이야기!

마주 서야기

김동광 글
이혜원 그림

우리 곁에 파고든
낯선 기술들

오늘날 우리를 둘러싼 세계는 무척 빠른 속도로 변화하고 있습니다. 변화를 일으키는 중요한 요인 중의 하나가 과학기술이지요. 생명공학과 인공지능, 그리고 신경 과학과 같은 과학기술이 빠르게 발전하고 있어서 일반인들은 물론 인문 사회 과학자들도 그 내용을 따라가기 힘들 정도입니다. 더구나 날로 과학이 전문화, 세분화되면서 과학기술을 전공하는 사람이라도 자신의 분야가 아니면 문외한이 되는 세상이지요.

여러분이 인공지능이나 4차 산업혁명, 유전자조작Genetic Modification 등의 첨단 과학 논의에 휘둘리지 않고 성찰적으로 기술을 이해하고, 새로운 기술들의 등장으로 열릴 가능성을 적극적으로 활용하면서 기술과 함께 슬기롭게 살아가는 법을 배우고 폭넓은 시야를 키우는 기회로 이 책을 활용했으면 합니다.

《낯선 기술들과 함께 살아가기》는 4개의 장으로 이루어져 있습니다. 1장에서는 우리 시대의 뜨거운 유행어가 된 4차 산업혁명의 개념을 찬찬히 살펴봅니다. 정부의 과학기술 정책이나 언론 보도에서 4차 산업혁명이라는 말은 꾸준히 등장하지요. 그렇지만 많은 학자들은 이 개념이 정확하지 않으며, 현재 진행되고 있는 기술과 사회 변화에 스스로 이름을 붙인다는 점에서 진지한 개념이라기보다는 하나의 키워드에 불과하다는 입장입니다. 또한 4차 산업혁명이라는 개념을 무분별하게 쓰다 보면 자칫 기술 발달이 저절로 사회를 변화시킨다는 '기술 결정론'에 빠질 위험성이 있습니다. 따라서 이 개념이 유독 우리나라에서 유행하는 이유를 사회적 맥락에서 살펴볼 필요가 있습니다.

2장은 인공지능을 다룹니다. 이미 우리는 가깝게는 자동차의 내비게이션부터 시작해 온갖 인공지능에 둘러싸여 있습니다. 미래에는 인공지능이 우리의 삶 속으로 더 깊숙이 들어오겠지요. 인공지능의 급격한 발달로 인해 발생할 여지가 있는 윤리적·사회적 문제들은 꾸준히 제기되고 있습니다. 2021년 1월, 성희롱과 혐오 발언 등 숱한 논란을 일으킨 인공지능 채팅 로봇 '이루다'의 서비스 운영이 중단된 사건은 빙산의 일각에 불과하지요. 물론 인공지능은 우리에게 많은 도움을 줍니다. 코로나19 팬데믹으로 취약 계층에 대한 돌봄 사각지대가 늘어난 상황에서 인공지능 스피커를 독거 어르신의 가정에 설치하여 실시간 모니터링을 하는 돌봄 서비스 시스템은 좋은 평가를 받고 있습니다. 이러한 면에서 우리는 인공지능의 알고리즘을 어떻게 이용하고 어떤 가치를 담을 것인지를 함께 살펴보려 합니다.

3장의 주제는 생명공학입니다. 생명공학은 앞선 주제들에 비해서는 낯익은 기술이지요. 하지만 유전자 재조합^{GM} 식품을 비롯한 생명공학 기술은 여전히 뜨거운 논란의 대상입니다. 그래서 이 장에서는 과학기술의 '불확실성'uncertainty이라는 중요한 개념을 집중적으로 다룹니다. 오늘날 과학기술이 급속히 발달하고 사회와 연결이 고도화되면서 불확실성은 날로 높아지고 있습니다. 생명공학은 다른 기술들보다 앞서 이런 문제를 해결해 왔기 때문에, 생명공학의 불확실성을 살펴봄으로써 인공지능이나 신경 과학과 같은 최근 부상하는 기술들에 대해서도 많은 교훈을 얻을 수 있을 것입니다. 과학기술의 불확실성을 완전히 없앨 수는 없지만, 우리는 과학기술과 함께 살아가면서 그 혜택을 온전히 누리기 위해 불확실성을 다스리는 법을 알아야 합니다. 이 장에서는 유전자 재조합 식품을 중심으로 생명공학이 발전해 온 역사를 되짚으면서 다양한 주제들을 살펴봅니다.

마지막 4장의 주제는 요즈음 많은 관심이 집중되고 있는 신경 과학입니다. 뇌 과학으로도 불리는 신경 과학은 인공지능과 결합하면서 향후 그 기술적 가능성이 거의 무한하다고 평가되지요. 인간의 정신, 의식, 그리고 지능은 지금까지 명확히 밝혀지지 않은 영역이다 보니 미국과 유럽은 물론 우리나라도 정부가 나서서 뇌와 정신 활동의 수수께끼를 풀기 위해 엄청난 연구비를 투자하고 있습니다. 그렇지민 신경 과힉에 대한 기대가 크게 부풀려지면시 마치 뇌와 신경세포에 대한 연구로 인간의 모든 것을 알아낼 수 있다는 '신경 신화'가 무분별하게 나타나는 문제도 있지요. 우리가 평생 뇌의 일부 밖에 활용하지 못한다는 이야기나, 좌뇌형 인간과 우뇌형 인간 등의 속설들도 그런 신화의 일부입니다. 지금까지 밝혀진 작은 성과들을 과하게 부풀린 제품을 만들거나 정책에 성급하게 도입하려는 시도도 있지요. 이 책에서는 신경 과학에 대한 거품을 걷어내고 현재 이루어지고 있는 연구 단계에서 우리가 기대할 수 있는 가능성을 살펴보려 합니다. 더불어 신경 과학 연구로 빚어질 수 있는 윤리적 문제와 사회적 문제점들도 깊이 토론해 보겠습니다.

인류는 처음 농사짓는 법을 알고 문명을 일군 이래 현재까지 눈부신 기술적 발전을 거듭해 왔습니다. 특히 지난 100여 년간은 매우 급격한 변화가 일어났지요. 지금도 우리는 생명공학, 인공지능, 신경 과학 등 '신흥 기술'이 하루가 다르게 발전하는 소용돌이 속에 살고 있습니다. 실제로 이미 우리 삶에 깊숙이 들어와 있는 기술들과 분리되어 살아가기 힘든 상황이지요. 많은 사람은 기술 발전이 인류에게 더 큰 가능성을 열어 줄 것으로 기대하고 있습니다.

　　기술 발전이 지금까지 없었던 새로운 논란을 일으키는 것 또한 사실이긴 하나, 낯선 기술들과 함께 살아가는 과정에서 여러 문제가 나타나는 것은 어쩌면 당연합니다. 지나친 기대도 금물이지만 윤리적·사회적 우려 때문에 기술에 대해 과도한 공포를 가질 필요는 없습니다. 과거에도 산업혁명 이후 많은 이들이 인류가 기계에 종속될 것이라고 했지만, 우리는 기계를 다스리는 법을 배웠듯이 말입니다. 1980년대에 정보 기술의 발전이 급격히 이루어질 때도 정보 기술로 많은 사람이 일자리를 잃게 될 것을 우려했지요. 물론 일부 직종이 사라지기도 했지만, 그만큼 많은 일자리가 생겨났습니다. 현재의 우리 또한 새로운 기술의 가능성과 문제점을 냉정히 살피면서 함께 살아가는 법을 배우게 될 것입니다.

목차

들어가는 글

우리 곁에 파고든 낯선 기술들   4

1장
4차 산업혁명
따라잡기   15

왜 우리나라는 '4차 산업혁명'에 주목할까?   18

산업혁명부터 알아보자   22

산업혁명은 진짜 '혁명'이었을까?   25

4차 산업혁명, 하나의 사회 현상이 되다   31

기술만으로 세상을 바꿀 수 있을까?   37

기술이 우리 일상에 스며들려면   40

낯선 기술들과 함께 살아간다는 것   43

2장
인공지능과 함께
살아가기

47

인공 '지능'이란?   54

생물과 기계의 원리가 같다고? 사이버네틱스   56

알아서 배우는 딥 러닝, 알파고   60

인공지능의 눈으로 세상을 보면 어떤 모습일까?   65

자율 주행차는 언제쯤 탈 수 있을까?   69

인공지능의 알고리즘에 담아야 할 가치   72

알고리즘의 판단을 믿어도 될까?   74

인공지능에게도 윤리가 필요해!   77

인공지능 vs 인간?   80

3장
생명공학의 불확실성
다스리기

83

새로운 생명공학의 등장 87

생명의 비밀을 풀 열쇠, DNA 이중나선 구조를 발견하다! 88

생명의 이해를 넘어서 창조로 가는 기술 93

신의 영역에 도전하다? 유전자 재조합 기술 96

유전자조작 식품, 확실히 안전할까? 102

유전자조작 식품을 둘러싼 각국의 이해관계 109

생명공학의 불확실성 줄여 나가기 110

4장
신경과학 제대로
이해하기

113

신경 과학, 뇌를 측정하다   119

인간의 뇌를 컴퓨터에 연결한다고?   122

머리에 칩을 심는다면?   126

뇌를 둘러싼 잘못된 속설들   130

증강이냐 치료냐, 신경 과학의 윤리적 쟁점   135

기술로 인간을 업그레이드할 수 있게 될까?   137

모두에게 기술이 가닿는 사회를 위해   140

나오는 글   144
참고 문헌   148

1장

4차 산업혁명
따라잡기

FOURTH
Industrial
Revolution

이제 4차 산업혁명은 우리 사회에서 너무도 낯익은 말이 되었습니다. 새로운 변화가 필요하다는 의미로 "이제 4차 산업혁명의 시대잖아", 또는 변화에 대응해야 한다는 논조로 "4차 산업혁명이 진행 중인데 아직도 이러고 있다니!" 하는 말들을 자연스럽게 쓰지요.

4차 산업혁명이라는 말이 일상적인 대화에서 사용되는 예들을 살펴보면 몇 가지 흥미로운 특징을 찾을 수 있습니다. 우선 4차 산업혁명을 당연하고 피할 수 없는 변화로 여기는 경향이지요. 여기에는 새로운 변화에 대한 기대감과 동시에 급격한 변화로 빚어지는 결과에 대한 두려움이 진하게 묻어 있습니다. 사실 이러한 상반된 감정은 새로운 기술적 변화마다 으레 나타났던 것입니다. 제가 도서관이나 과학관, 또는 학교에서 중고등학생이나 일반인들을 상대로 과학 특강을 할 때 사람들이 보이는 반응은 이런 양극단을 오가곤 합니다. 우리 생활을 편리하고 윤택하게 해 줄 것이라는 기대감에 부풀면서도, 다른 한편으로는 과거에 겪지 못한 안전 또는 윤리의 문제가 발생하고 내 일자리마저 위협받지 않을까 하는 걱정을 한다는 거지요.

두 번째로는 4차 산업혁명을 이미 그 형태나 내용이 만들어져 있는 실체로 여긴다는 점입니다. 4차 산업혁명 하면 항상 거론되는 새로운 기술들이 있지요. 3D 프린팅, 사물 인터넷, 인공지능, 빅 데이터와 같은 기술들이 4차 신업혁명의 내용이고, 이런 기술들을 모르면 새로운 흐름에서 뒤처질 것이라고 생각합니다.

그렇다면 정말 4차 산업혁명은 거역할 수 없는 대세이고, 이제 우리는 어떤 식으로든 받아들일 수밖에 없는 것일까요?

왜 우리나라는
'4차 산업혁명'에 주목할까?

4차 산업혁명이라는 말은 2015년에 세계 경제 포럼 회장인 클라우스 슈밥이 잡지 〈포린 어페어〉에 기고한 '4차 산업혁명'이라는 글에서 사용되며 알려지기 시작했습니다. 그 후 슈밥이 2016년 다보스 포럼에서 언급하며 유명해졌지요. 그는 이 발표에서 "지금 우리는 삶과 일, 인간관계의 방식을 근본적으로 변화시킬 혁명의 문 앞에 서 있다. 그 규모와 범위, 복잡성으로 미루어볼 때 4차 산업혁명은 과거 인류가 겪어 온 그 어떤 것과도 비교할 수 없을 만큼 다르다"고 말했습니다.

다보스 포럼은 세계적으로 이름난 기업인, 경제학자, 언론인, 정치인 등으로 이루어진 국제 민간 회의입니다. 다보스 포럼은 그 권위와 힘이 막강해서 세계 무역 기구나 서방 선진 7개국[67]뿐 아니라 세계 모든 나라의 정책 수립에 큰 영향을 끼칠 정도입니다. 그렇다 보니 슈밥의 발표에서 등장한 '4차 산업혁명'은 우리나라의 언론에서도 크게 보도되었습니다.

더구나 당시 우리나라에서는 19대 대통령 선거 후보들이 한창 선거운동을 벌이고 있었습니다. 후보들은 저마다 이른바 '차세대 성장 동력'으로 4차 산업혁명을 내세우며, 자신이 과학기술을 기반으로 한 혁신에 가장 적절한 인물이라는 것을 알리기 위해 4차 산업혁명과 관련된 많은 정책들을 공약으로 내걸었습니다. AI·4차 산업혁명 대응 대통령직속위원회 신설 및 '지능정보사회 자문위원회' 구성, 창업중소기업부 승격과 정보과학기술부를 신설, 전기차·자율 주행차·신재생에너지·AI·3D 프린팅·빅 데이터·산업로봇 등 핵심 기술 분야를 적극 지원하겠다는 공약 등이 그것입니다.

게다가 우리나라에서는 2016년 3월에 이세돌 9단과 구글의 딥마인드사가 개발한 인공지능 바둑 프로그램인 알파고Alphago와의 바둑 대결이 있었습니다. 인간과 인공지능의 대결로 전 세계의 관심을 모은 이 대국에서 알파고가 4승 1패로 압승을 거두자 사람들은 큰 충격을 받았습니다. 알파고의 일방적인 승리는 이세돌 9단을 응원하던 우리나라 사람들에게 새삼 인공지능의 위력을 실감하게 해 주었지요. 이 대결은 4차 산업혁명의 핵심적인 요소 중 하나인 인공지능에 대한 관심을 크게 높이는 계기가 되었습니다. 인공지능에 대한 이야기는 2장에서 상세하게 다루겠습니다.

이처럼 우리나라에서는 여러 가지 정치 및 사회적 사건의 영향으로 4차 산업혁명을 둘러싼 논의가 2016년 무렵부터 활발하게 이루어졌습니다. 그렇다면 다른 나라들에서도 4차 산업혁명이라는 말이 크게 유행했을까요? 그렇지 않습니다. 인공지능, 로봇, 사물 인터넷, 3D 프린팅 등의 등장으로 제조업 기술의 혁신이 일어날 것이라는 논의는 다른 나라에서도 많이 있었지만, 4차 산업혁명이라는 용어는 거의 쓰이지 않았습니다. 독일에서는 '인더스트리 4.0', 영미권에서는 '스마트 팩토리'와 같은 용어가 더 많이 사용되었습니다. 모두 과거의 제조업과는 다른 변화가 일어나고 있다는 것에 주목한 용어들이지요.

슈밥이 다보스 포럼에서 4차 산업혁명에 대해 발표한 직후 유럽과 미국 등 여러 나라에서 호된 비판의 목소리가 들려왔습니다. 비판의 이유는 '4차'라는 규정이 매우 모호할 뿐만 아니라, 일련의 기술적 진전 과정을 급격하고 단절적 변화인 '산업혁명'으로 볼 수 있는가라는 점에서 4차 산업혁명이라는 개념이 확실한 근거 없이 사람들을 호도할 수 있다는 것이었죠. 엘리자베스 가비 교수는 2016년 1월, 미국의 웹진 〈슬레이트〉에 기고한 '이것은 4차 산업혁명이 아니다'라는 제목의 글에서 슈밥이 제기한 4차 산업혁명론은 이미 75년 전부터 미국에서 쓰였기 때문에 새로운 기술적 변화를 과장해서 표현하는 의미 없는 말장난에 불과하다고 지적합니다. 1948년에 처음 등장한 원자력 에너지부터 1955년에는 전자공학의 발달, 1970년대에는 전자식 컴퓨터의 등장, 1984년에는 정보 통신 기술의 발달로 인한 정보 혁명 등이 모두 '4차 산업혁명'이라는 수식으로 표현되었다는 것입니다. 이런 식으로 새로운 기술적 변화가 이루어질 때마다 주장된 산업혁명을 모두 인정하자면 최근의 기술적 진전은 7차나 8차 산업혁명쯤 되어야 하는 셈이지요.

4차냐 아니냐를 둘러싼 논란 이외에도 과거의 역사적 상황을 가리키는 산업혁명이라는 개념 자체를 최근의 상황에 적용할 수 있는가에 대한 논의도 있습니다. 송성수 교수는 2017년에 쓴 논문 〈산업혁명의 역사적 전개와 4차 산업혁명론의 위상〉에서 산업혁명을 단순히 기술적 변화뿐만 아니라 조직적·경제적·사회적 변화를 총칭하는 것으로 규정합니다. 역사적으로 18세기 중엽에서 19세기 중엽까지 영국에서 일어난 1차 산업혁명과 대략 1870~1920년 사이에 독일과 미국을 중심으로 일어난 2차 산업혁명만이 산업혁명으로 불릴 수 있으며, 역사학계에서 학술적으로 정착된 용어로 인정될 수 있다고 지적합니다.

그럼 이제부터 역사적으로 산업혁명이라는 개념이 어떻게 형성되었고, 그 의미가 무엇인지 좀 더 자세히 살펴보기로 하지요.

산업혁명부터
알아보자

산업혁명은 대략 18세기 말엽에 영국에서 일어난 기계제 생산에 따른 일련의 사회적 변화를 일컫는 말입니다. 이를 혁명이라고 부르게 된 것은 1789년 프랑스에서 일어났던 프랑스 대혁명과 대비해서 붙여졌다는 것이 많은 학자들의 의견입니다. 프랑스 대혁명이 급격한 정치적·사회적 변화를 가져온 데 비해 영국에서는 비교적 조용하고 긴 세월동안 사회경제적 변화가 일어났음을 빗댄 표현이라는 거지요.

독일의 철학자 프리드리히 엥겔스는 저서 《영국 노동자 계급의 상태》에서 산업혁명을 역사적 개념으로 인식하며 이렇게 언급했습니다. "영국에서 노동자 계급의 역사는 18세기 후반 증기기관과 면화 가공 기계의 발명과 함께 시작되었다. (…) 이러한 발명은 산업혁명을 일으켰으며, 이 혁명은 동시에 전 시민사회를 변화시켰고, 그 역사적 중요성은 바야흐로 인식되고 있다. 영국은 이 변화의 고전적인 나라이며 그 변화는 조용히 이루어진 만큼 더욱 힘찬 것이었다."

또한 그는 산업혁명의 중요성을 유럽의 여러 나라에서 이루어진 사회적 변화의 맥락에서 이렇게 표현했습니다. "산업혁명이 영국에 대해서 가지는 의의는 정치혁명이 프랑스에 대해, 그리고 철학 혁명이 독일에 대해서 갖는 의의와 같다."

이후 유명한 역사학자인 아널드 토인비가 저서 《18세기 영국에서의 산업혁명 강의》에서 19세기 영국 사회에서 일어난 사회경제적 변화를 설명하기 위해 본격적으로 산업혁명이라는 용어를 사용하면서 널리 알려졌습니다.

산업혁명이라는 개념은 단지 새로운 기술의 출현과 그 기술의 사회적 적용에 따른 결과가 아니라, 여러 가지 기술적 진전이 당시 정치 및 사회경제적 상황과 맞물려서 이루어진 큰 변화를 뜻하는 것입니다.

저명한 산업혁명사 연구자인 폴 망투는 사람들에게 필요한 물건을 만드는 방식이 과거의 가내수공업에서 공장제 생산, 즉 매뉴팩처manufacture라는 새로운 방식으로 바뀐 것이 근대 세계를 산업자본주의로 전환시킨 중요한 원인이라고 말했습니다. 그는 대략 그 시기를 1760~1800년 사이로 설정했고, 근대적인 공장제의 특징으로 노동자의 숫자, 전문화와 분화, 복종해야 할 규율의 엄격함 등을 꼽으며 무엇보다 중요한 요소로 18세기 말에 등장한 동력 기계를 들었습니다. 그는 "동력 기계의 출현이 세계의 경제사에 새로운 장을 연 것이다"라고 말했지요. 기계공업과 공장제도를 동일시하며, 산업혁명을 당시 영국에서 기계 체계의 도입과 함께 공장제 생산이 자리 잡으면서 일어난 일련의 인구 증가와 도시 집중, 자본가와 노동자 사이의 계급적 분열과 대립의 격화, 그리고 그로 인한 노동자의 궁핍화라는 넓은 맥락에서 인식했습니다.

그는 공장제도, 과학, 그리고 민주주의는 경제적·지적·정치적 관점에서 근대사회의 진화를 지배하는 힘이고, 근대적 공업의 시작이 민주주의나 과학의 탄생 시점과 동일하다고 보았습니다. 17세기 과학혁명과 18세기 프랑스 대혁명만큼이나 공장제도의 등장이 근대 세계를 수립하는 데 중요한 역할을 했다는 것이지요.

산업혁명은
진짜 '혁명'이었을까?

흔히 혁명이라고 하면 급격하고 단절적인 변화를 연상하지요. 그래서 정치혁명에서 가장 많이 쓰입니다. 한 예로 우리나라의 4·19 혁명은 독재 체제에 항거하는 학생과 시민 세력이 낡은 정권을 무너뜨리고 새로운 민주 정부를 세웠다는 점에서 말 그대로 혁명이라고 할 수 있습니다. 김수영 시인은 〈풀〉이라는 시를 통해서 4·19 혁명을 노래했지요. 또, 앞에서 언급했던 프랑스 대혁명도 앙시앵 레짐(구舊체제)이라 불리던 전제 왕정을 무너뜨리고 공화정을 수립해서 시민이 주권을 가지는 근대적 민주주의의 기틀을 마련했다는 점에서 급격한 변화라고 할 수 있습니다. 그렇다면 산업혁명도 4·19혁명이나 프랑스 대혁명처럼 발생 이전과 이후가 확연히 나뉘는 진짜 혁명이었을까요?

앞에서 토인비가 산업혁명이라는 개념을 처음 본격적으로 사용했다는 이야기를 했습니다. 그렇다면 토인비는 이 개념을 어떻게 사용했을까요? 이른바 사회적 변화설을 주장했습니다. 산업혁명을 통해서 중세적 규제를 벗어나 시장 기구에 따라 재화와 용역의 생산과 분배가 이루어졌다는 것입니다. 망투 역시 산업적 측면에서 단절적 변화가 있었다는 입장이지요. 증기기관과 같은 동력 기계의 도입으로 공장제 생산이 가능해지면서 근대적인 공장제 대량생산이 이루어졌고, 그로 인해 산업 노동자라는 계층이 새롭게 탄생했다는 것입니다.

이처럼 대부분의 고전적인 이론가들은 산업혁명에 대해 급격하고 단절적인 변화라는 관점을 고수했습니다. 그렇지만 최근의 연구들은 '혁명'의 존재를 부인하거나 회의적인 입장을 취하는 추세입니다. 경제학자인 양동휴는 산업혁명이 지역적, 부문별로 지극히 제한된 점진적 현상이었으며, 그 효과도 작았다고 지적합니다. 우리가 흔히 생각하듯이 새로운 동력 기계의 등장과 적용이 갑작스럽게 이루어진 것이 아니고 그 이전 시대의 동력 장치들이 오랫동안 함께 사용되었다는 뜻입니다. 그리고 증기기관과 같은 새로운 동력 기관을 도입해서 곧바로 높은 효과를 얻은 것도 아니었지요.

잠시 탄광 이야기를 해 볼게요. 석탄이나 그 밖의 광물을 얻기 위해 깊은 갱도를 파내려 가면 물이 나옵니다. 탄광은 예나 지금이나 흘러나오는 물을 처리하는 것이 큰일이었습니다. 18세기에는 좁은 갱도에 나무 궤도를 설치하고 어린 아이들의 몸에 줄을 매서 석탄과 물을 실은 화차를 끌고 올라가게 했습니다. 정말 눈뜨고 볼 수 없는 참상이었지요. 이런 일을 했던 아이들은 햇빛도 보지 못한 채 갱도에서 과도한 노동에 시달리다가 몇 년 버티지 못하고 죽었다고 합니다. 그 시절에는 노동법이나 청소년 보호법 같은 법이 하

산업혁명 시기에 탄광에서
혹사당했던 아이들

나도 없었으니까요.

이런 탄광에 최초의 증기기관이 사용되었어

요. 영국의 공학자 토머스 뉴커먼은 1712년에 실린더 속에서 증기

를 팽창시켰다가 찬물을 뿌려 증기가 수축하면 진공이 생겨 펌프

를 움직일 수 있다는 사실을 알아냈습니다. 바로 증기기관이 탄생

한 순간이지요. 초기 증기기관은 화력 기관, 또는 대기압을 이용했

기 때문에 대기압 기관이라 불렸습니다. 가열과 냉각을 반복하느

라 매우 비효율적이었기 때문에 주로 값싼 석탄을 캘 때 갱도에 고

이는 물을 퍼내는 용도로 이용할 뿐이었습니다.

이 같은 측면에서, 산업혁명 기간 동안 제조업 생산이 늘어난 것은 증기기관과 같은 기계 덕분이라기보다는 선대제 농촌 수공업의 확산 때문이라는 주장이 제기되었지요. 선대제先貸制 수공업이란 먼저 상인이 생산자들에게 원료를 주고 일을 시킨 다음에 물건이 완성되면 품삯을 주고 물건을 받는 생산방식입니다. 생산자들은 대부분 자신의 집에서 일을 했습니다. 지금과 달리 집이 곧 일터였던 셈이지요. 산업혁명이 일어났다고 해서 단번에 가내수공업이 사라지고 공장제 생산으로 바뀐 것이 아니라, 이후로도 선대제 수공업은 이어졌습니다. 특히 스위스의 정밀 시계 제조업, 인도나 중국의 제조업에는 이런 관습이 오랫동안 계속되었지요.

오래된 기술이나 생산방식이 쉽게 사라지지 않는 것은 사람들의 습관이나 문화, 제도 등이 모두 연관되었기 때문입니다. 어떤 기술의 효율성은 문화나 사회적 맥락과 분리하여 단순 계산할 수 없지요. 그래서 증기기관과 같은 새로운 동력이 전면적으로 채택되고, 공장제 생산으로 전환되는 데는 많은 시간이 걸립니다. 과거의 기술이나 생산방식과 공존하게 되는 것입니다.

18세기까지도 공장제 생산의 기여는 극히 미미했습니다. 1인당 총 생산성 성장률도 오랫동안 기대했던 수치를 훨씬 밑도는 수준에 머물렀습니다. 새로운 에너지나 합성 원자재, 기계도 그다지 광범위하게 사용되지 않았습니다. 가장 빠른 생산성 향상을 보인 면방직 공업에서도 증기기관의 이용률은 매우 느리게 증가했지요.

나아가 우리가 근대적 특징이라고 생각하는 합리적 기업가 정신도 이 시기에 급속히 나타난 것이 아니라 오래전부터 서서히 확산되었습니다. 귀족 문화는 생각보다 오래 남아있었고, 시장을 통한 자원 배분도 산업혁명 이전부터 서서히 진행된 것으로 보아야 한다는 게 최근 학자들의 견해입니다.

그렇다면 1차든 4차든 산업혁명이라는 개념 자체가 성립하지 않는 것일까요? 산업혁명이라는 역사적 사건은 존재하지 않았던 것일까요?

그렇지는 않습니다. 학자들마다 입장이 조금씩 다르기는 하지만, 1차와 2차 산업혁명은 대체로 학계에서 인정을 받고 있습니다. 일련의 기술적 진전과 새로운 생산방식이 경제와 사회구조에 이전과 다른 큰 변화를 일으켰다는 점에서 혁명이라고 칭할 만하다는 것이지요.

좀 더 구체적으로 살펴보자면 1차 산업혁명의 경우 증기기관과 같은 동력 기계의 출현으로 도구가 기계로 대체되면서 가내수공업 자리에 공장제 생산이 정착했고, 자본가와 임금노동자 계층이 등장하면서 농업 사회에서 공업 사회로 사회 전반의 변화가 이루어졌습니다. 2차 산업혁명은 말 그대로 새로운 기술이 경제와 사회에 큰 변화를 초래한 일대 사건이었습니다. 강철, 염료, 백열전등, 가솔린과 디젤엔진 같은 내연기관, 전화와 무선통신 등 오늘날 현대사회를 떠받치는 중요한 기술적 발전이 이어지면서 대기업이 기술혁신과 경제성장을 주도하기 시작했고 독일과 미국 등이 산업을 이끄는 중심으로 우뚝 섰습니다. 또한 기술과 사회를 긴밀하게 결합한 기술 시스템에 사회구조와 삶의 양식, 그리고 우리의 일상 자체가 편입되는 새로운 양상을 나타내게 되었지요.

기술의 역사를 공부하는 송성수 교수는 1차 산업혁명과 2차 산업혁명은 학술적으로 정착된 용어라 할 수 있지만 3차 산업혁명과 4차 산업혁명과 관련된 개념은 주로 미래학과 관련된 성격을 띠고 있다고 말합니다. 따라서 현재로서는 3차 산업혁명과 4차 산업혁명을 확립된 역사적 사실이 아니라 일종의 작업가설로 간주하는 편이 적절하다고 덧붙였지요.

역사적 개념으로써 혁명이라는 호칭은 대부분 후대에 인정을 받을 때 붙여집니다. 물론 무엇이 혁명인지 아닌지를 규정하는 확실한 기준은 없지만, 일정한 시간이 흐른 후 명칭에 걸맞은 변화가 일어났는지에 대해 역사가들의 상당한 합의가 이루어져야 혁명이 될 수 있다는 것이지요. 당대에 아무리 혁명이라고 주장해도 대부분은 자신의 주장을 강조하거나 정당화하기 위한 것에 그치는 경우가 많습니다.

4차 산업혁명,
하나의 사회 현상이 되다

비록 4차 산업혁명을 둘러싸고 많은 논란이 있지만 우리 사회는 분명 4차 산업혁명을 실체, 그러니까 진짜 벌어지고 있는 일로 간주하고 있습니다. 인공지능이나 신경 과학 같은 첨단 분야의 과학자들은 4차 산업혁명으로 사회는 물론 우리의 삶과 생활 방식 자체가 크게 바뀔 것이라 말합니다. 미래학자들은 앞으로 실현될 기술들의 목록을 작성하며 미래의 변화를 예측하고, 정부와 언론은 하루빨리 그에 대한 대비를 해야 한다고 촉구합니다.

이처럼 우리 사회를 이루는 다양한 기관과 사회집단들이 4차 산업혁명을 이야기하는 데는 여러 가지 맥락이 있습니다. 따라서 4차 산업혁명을 둘러싼 논란을 하나의 '사회 현상'으로 파악할 필요가 있습니다. 새로운 기술의 등장과 사회 변화에 따른 수많은 이해관계와 갈망 또는 우려가 복잡하게 얽혀 있기 때문입니다.

우선 정부는 4차 산업혁명을 통해 국가 경쟁력을 높이고 경제를 발전시키려는 의도를 가지고 있습니다. 전통적으로 우리나라는 과학기술을 통해 경제 발전을 이룬다는 기본적인 구도를 취해 왔지요. 해방과 한국전쟁 이후 황폐해진 상태에서 정부는 '과학입국'이라는 구호를 내걸었고, 이후 1960년대와 1970년대의 경제개발 계획과 선 국민 과학화 운동은 모두 과학기술을 기반으로 한 것이었습니다. 현재까지 여러 차례 정권이 바뀌었지만, '과학기술=경제 발전' 구도는 크게 흔들리지 않았습니다. 또한 4차 산업혁명론은 앞서 19대 대통령 선거에서 모든 후보들이 자신의 공약으로 내걸었듯이, 정권의 지지도를 높이는 데 중요한 요소입니다. 앞으로 있을 여러 선거에서도 많은 후보들이 4차 산업혁명을 자신의 구호로 삼을 가능성이 높습니다.

또한 분야마다 정도의 차이는 있지만 과학계 역시 더 많은 연구비를 지원받고 사회적 지위를 높이는 데 4차 산업혁명론이 도움이 되지요.

가장 적극적으로 '4차 산업혁명 현상'을 이용하는 이는 기업들입니다. 우선 인공지능, 원격진료, 로봇 수술, 사물 인터넷, 자율주행차 등 이름만 들어도 신선함이 느껴지는 분야들이 새로운 시장이 될 것으로 기대하고 있지요. 스마트폰으로 이용할 수 있는 인공지능 비서, 인공지능 스피커 등은 어느새 우리에게 익숙한 존재가 되었습니다.

또한 기업들은 4차 산업혁명론에 힘입어 여러 규제를 풀기 위해 정부와 국회를 상대로 로비를 벌이고 있습니다. 경쟁국들에게 뒤지지 않으려면 빠른 기술 개발과 시장 진입이 필요한데 각종 규제가 발목을 잡는다는 논리입니다. 사실 기업들은 항상 윤리, 안전 등의 규제가 너무 심해서 기술 개발과 기업 활동을 할 수 없다고 볼멘소리를 내왔습니다. 이번에도 예외가 아니지요. 이와 관련해 우리나라를 비롯해서 여러 나라에서 적용되는 정책 중 하나가 '규제 샌드박스'입니다. 특정 분야에 한시적으로 규제를 완화시켜 기업들이 빠르게 기술을 개발하고 제품으로 연결할 수 있는 기회를 주는 방식이지요. 이러한 정책은 경제를 활성화시키는 데는 도움이 되지만 자칫 윤리나 안전 문제가 간과될 수 있는 만큼 신중한 접근이 필요합니다.

규제 샌드박스란?

'샌드박스'sandbox는 말 그대로 놀이터의 모래 상자로 생각하면 됩니다. 일정 면적을 놀이터로 만들어서 아이들이 안심하고 모래 장난을 할 수 있게 보호하듯이, 기업들이나 특정 분야 연구자들에게 기존의 규제를 적용하지 않고 마음 놓고 기술을 개발할 수 있도록 규제를 풀어 주는 것입니다. 최근 우리나라도 원격 의료, 소비자 직접 의뢰DTC 유전자 검사, 수소 자동차 등 여러 영역에서 규제 샌드박스를 적용하려 하고 있지요.

반면 상당수의 시민 단체들은 4차 산업혁명 현상에 우려를 나타냅니다. 특히 국민들의 건강과 소외된 계층들의 안전 문제를 다루는 보건 의료 운동 단체들, 그리고 생명공학의 빠른 발전으로 인한 윤리적 문제를 제기하는 생명 윤리 단체와 학회들, 종교계 등은 4차 산업혁명에 대한 지나친 기대를 경계합니다.

갑작스럽게 규제를 풀면 충분한 검사를 통해 안전을 확인해야 하는 기술과 제품들이 무방비 상태로 시장에 나와 소비자들이 실험 대상이 될 수도 있기 때문이지요. 또한 유전자 검사 업체들이 의료 기관을 거치지 않고 인터넷 등을 통해 직접 소비자들에게 DNA 검사를 해 줄 경우, 아직 발병하지도 않은 사람들을 무더기로 환자로 만드는 어처구니없는 일이 벌어질 수도 있습니다. 가족력이 높은 유방암의 경우, 앞으로 유방암의 발병 여부도 불확실한 상황에서 유전자 검사로 발병 가능성이 높게 나왔을 때 자칫 그 정보가 보험회사나 기업에 흘러 들어가면 당사자가 보험 가입이나 취업에 불이익을 당할 수도 있겠지요.

또한 최근 몸에 입는 컴퓨터, 즉 웨어러블 컴퓨터 장치가 손목시계 형태로 출시되었을 뿐만 아니라 인터넷이 널리 보급되면서 멀리 떨어진 유명 병원에서 진료를 받을 수 있는 원격 의료 개념이 자주 거론되고 있습니다. 그러나 보건 의료 시민 단체들은 이러한 기술 발전이 기업과 병원들의 돈벌이 수단으로 악용되고 정작 시민들의 건강과 안전에는 도움이 되지 않는다고 비판합니다. 나아가 의료 비용이 높아지면서 소외된 계층의 의료 및 보건 불평등이 더욱 심화될 것이라고 주장합니다. 의료와 보건의 공공성이 오히려 후퇴할 수 있다는 것입니다. 대형 병원들이 규제 샌드박스 정책에 편승해서 4차 산업혁명과 직접 관련이 없는 사업에 대한 규제도 풀려고 시도한다니 근거 없는 우려는 아닌 듯합니다.

그렇다면 일반 대중은 4차 산업혁명론에 대해 어떤 생각을 갖고 있을까요? 기대와 우려를 모두 가지고 있습니다. 제가 최근 도서관이나 과학 관련 단체에서 일반 대중을 상대로 강연할 때면 이러한 양극단의 태도를 느낄 수 있었습니다. 언론이 4차 산업혁명에 대한 갖가지 소식들을 특종처럼 경쟁적으로 쏟아내면서 배경지식이 없는 시민들은 이러한 보도에 휘둘리고 있지요. 인공지능이 가져올 새로운 세상에 대한 큰 기대와 함께 인공지능과 로봇에게 일자리를 빼앗기는 날이 올까봐 걱정하는 양극단의 태도가 생기는 것입니다.

이처럼 우리 사회의 여러 제도와 중요한 사회 집단들은 4차 산업혁명론에 대해 다양한 이해관계를 가지고 있으며, 관심과 가치의 충돌로 인해 그 양상이 매우 역동적입니다. 사실 역사적으로 새로운 기술이 등장할 때마다 이런 사회 현상이 나타났습니다. 새로운 기술을 통해 자신의 이익을 높이려는 세력과 집단들이 있어

왔고, 다른 편에는 신기술이 가져올 부정적 영향이나 불평등의 확대에 대해 우려하는 사람들이 있었지요.

새로운 기술은 저절로 사회에 확산되거나 적용되는 것이 아니라, 사회적 저항과 조정 과정을 거치게 마련입니다. 저항이 너무 거세서 처음부터 적용이 안 되는 경우도 있고, 오랜 기간 동안 사용되다가 갑작스런 사고 때문에 퇴출되는 경우도 있습니다. 영국을 비롯한 유럽 지역에서 아직도 판매가 금지된 유전자조작 식품은 전자에, 일본의 후쿠시마 원자력 발전소 사고 이후 독일과 우리나라를 비롯한 여러 나라에서 원자력 발전을 중단하는 탈핵 움직임

2011년 대지진으로 파괴된 후쿠시마 원자력발전소의 모습

이 확산하는 현상은 후자에 해당하겠지요. 기술이 특정 사회에 적용되는 과정은 시대마다, 그리고 사회에 따라 다릅니다.

기술만으로
세상을 바꿀 수 있을까?

〈오마이뉴스〉 시민 기자 강민규 씨는 "'4차 산업혁명', 잔치는 이미 끝났다'라는 글에서 4차 산업혁명을 팔아먹는 전도사들의 허풍에 속아 넘어가서는 안 된다고 주장합니다. 기술은 경제에 영향을 미치는 수많은 사회 요인들 가운데 하나일 뿐이기 때문에 기술적 가능성 하나를 놓고 산업혁명 운운하는 사람들은 사회와 경제에 대한 무지를 드러낼 뿐이라는 것이지요.

사실 기술이 사회에 적용되는 과정은 우리가 흔히 생각하는 것보다 훨씬 복잡합니다. 그런 기술이 있었는지조차 모르게 태어났다가 사라지는 기술도 부지기수지요. 유명한 미래학자인 마티아스 호르크스는 새로운 기술이 등장하자마자 사회에 일사천리로 적용된다는 생각은 어리석은 환상이며, 예상치 못한 수많은 요소에 의해 굴절되면서 처음에 생각했던 것과는 전혀 다른 행보를 보인다고 했습니다. 기술과 사회의 관계를 연구하는 기술 사회학자들도 기술과 사회는 별개의 것이고, 기술이 사회를 바꾸거나 사회의 요구에 따라 기술이 탄생한다는 식의 생각은 잘못이며, 기술과 사회는 말 그대로 '이음매 없는 연결망'a seamless web을 이룬다고 말합니다.

어떤 새로운 기술이든 그 사회의 소득 수준, 습관, 기존의 가치관, 윤리나 안전에 대한 우려, 다른 기술과의 충돌 등 엄청나게 많은 요소들과 부딪치며 굴절을 거칩니다. 이 과정에서 처음에 생각했던 용도와 전혀 다르게 바뀌는 경우도 허다하지요.

에디슨이 발명한 축음기

가령 우리가 잘 아는 에디슨의 축음기는 애초에 음악을 듣는 용도로 발명된 것이 아니었습니다. 에디슨은 발명가이자 기업가 정신을 가진 사람이었기 때문에 업무에 도움이 되는 장치가 아니면 쓸모가 없다고 여길 정도였지요. 처음 소리를 저장할 수 있다는 사실을 알았을 때 에디슨은 이 장치의 쓸모를 속기사들에게 도움을 주는 사무 보조 장치 정도로 생각했습니다. 그렇지만 정작 축음기는 음악을 즐기는 오락 기기로 폭발적인 인기를 얻게 되었지요.

《낡고 오래된 것들의 세계사》라는 책에서 새로운 기술뿐 아니라 낡은 기술도 여전히 중요하다고 외친 문화사학자 데이비드 에저턴은 새로운 기술이 여러 나라에서 받아들여지는 속도는 각 나라의 소득 수준에 따라 차이가 있다고 주장했습니다. 1920년대의 미국에는 자동차나 세탁기 같은 고가 제품 소비가 왕성했는데, 이는 유럽보다 무려 30년 정도 앞선 것이었지요. 2차 세계대전 이후에 누린 경제 호황으로 미국이 유럽의 나라들보다 훨씬 부유했기 때문입니다.

소득 수준뿐만 아니라 각 기술과 인공물의 성격에 따라 일상에 보급되는 속도도 다릅니다. 가장 빨리 일상에 스며든 인공물은 라디오였습니다. 1920년대에 처음 보급되고 얼마 지나지 않아 유럽과 미국의 거의 모든 가정이 라디오를 보유하게 되었지요. 라디오가 쉽게 전파될 수 있었던 것은 자동차나 열차처럼 복잡한 기반 시설 없이 방송국의 전파와 배터리만 있으면 어디서든 들을 수 있기 때문입니다.

다음의 그래프를 보며 각 기술과 인공물의 침투 시간 차이에 담긴 의미를 유추해 보는 것도 재미있겠네요.

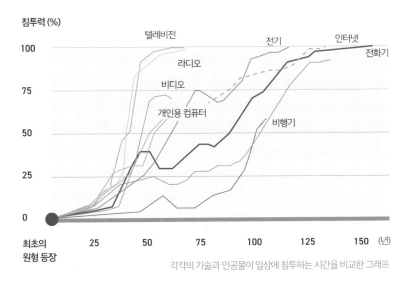

침투력 (%)

100

75

50

25

0

텔레비전

라디오

비디오

개인용 컴퓨터

전기

인터넷

전화기

비행기

최초의
원형 등장

25   50   75   100   125   150 (년)

각각의 기술과 인공물이 일상에 침투하는 시간을 비교한 그래프

기술이 우리 일상에
스며들려면

호르크스는 기술이 시장과 가정에 침투하는 속도를 결정하는 요소로 3가지를 꼽습니다. 하나는 가격입니다. 아무리 좋은 기술이라도 너무 비싸면 서민들이 구입하기 어렵겠지요. 미국의 전기기기 제조 회사 웨스팅하우스는 1921년에 최초의 라디오를 25달러라는 파격적인 가격으로 출시했습니다. 그전까지 1천 달러에 달해 부유

층의 호사품이었던 라디오를 대중적이고 친숙한 상품으로 만든 겁니다.

다른 하나는 간단하고 자립적이어야 한다는 것입니다. 기술은 그 자체로 혼자 있는 것이 아니라 수많은 요소와 얽혀 있는 하나의 시스템입니다. 다시 말해서 모든 기술은 '기술 시스템'이라는 것이지요. 예를 들어 열차는 철로가 없으면 무용지물입니다. 자동차도 마찬가지입니다. 도로나 주유소 등이 없으면 아무리 값비싼 차도 쓸모가 없습니다. 신호등이나 표지판, 관련 법령 등도 필요합니다. 나중에 자세히 다루겠지만, 자율 주행 자동차가 쉽게 도입되지 못하고 있는 것도 자동차가 여러 가지 복잡한 시스템으로 이루어져 있기 때문입니다.

마지막으로 기술이 특정 사회나 문화에서 거부감 없이 받아들여질 수 있는지가 중요합니다. 뛰어난 첨단 기술이라도 사람들이 거부감을 느끼고 배척하면 그 사회에 수용되지 못합니다. 다시 말해서 어떤 기술이나 인공물의 수용 여부는 기술적 측면으로만 결정되는 것이 아니라 사회적·문화적·경제적 맥락 등이 두루 영향을 준다는 것입니다. 그런 면에서 라디오는 다른 기술들보다 수월하게 받아들여진 '사회 기술' 또는 '문화 기술'이라고 할 수 있지요.

우리나라의 예를 한번 들어 볼게요. 1960~1970년대에 박정희 전 대통령이 새마을 사업의 일환으로 라디오 보급 운동을 벌이면서 도시는 물론 농촌과 어촌까지 널리 확산되었습니다. 국산 라디오 1호를 생산한 금성사(지금의 LG전자)의 엔지니어 김해수 씨는 그 당시에 농어촌에 라디오를 보급하려 한 이유는 박정희 진 대통령이 일으킨 군사혁명에 대한 홍보와 지지 세력 확대를 도모한 것에 있다고 보았습니다. 또 때마침 전자산업의 발전을 추구하던 당시 시대적 요구와 절묘하게 맞아떨어진 결과물이라고도 했지요.

1960년대에 라디오가 했던 역할은 박흥용 작가의 만화에 잘 녹아있습니다. 농촌에서 자란 작가는 어린 시절 한참 라디오가 보급되던 과정에서 '스피꾸'라 불리던 유선 라디오가 집집마다 가설되던 상황을 작품으로 그려 냈지요. 스피꾸란 한 대의 라디오를 통해 여러 집이 방송을 들을 수 있도록 만든 스피커 통을 말합니다. 그러니까 면 소재지쯤에서 중계소를 만들어 군대에서 쓰던 전화선인 삐삐선으로 라디오 신호를 잡아 '스피꾸'로 집집마다 보낸 것입니다. 그러다 보니 당연히 방송 채널을 선택하는 것은 불가능해서 KBS 제1라디오만 들을 수 있었지요. 정부에게는 가장 바람직한 선전 수단이었던 셈입니다. 음량을 조정하는 장치도 없이 거의 하루 종일 켜 있었던 스피꾸를 통해서 사람들은 <노란 샤쓰의 사나이> 같은 당시 유행곡도 듣고 세상 소식도 들었답니다.

낯선 기술들과
함께 살아간다는 것

지금까지 살펴보았듯이 기술도, 산업혁명도 저절로 일어나는 것이 아닙니다. 기술은 탄생하는 과정부터 수많은 난관을 극복해야 하고, 그 사회에 받아들여지기까지 많은 저항을 받습니다. 대부분의 기술은 마치 뱀이 지나는 길처럼 구불구불한 경로를 거쳐 더디게 수용되지요. 어떤 굽이에서는 저항에 부딪혀서 잠시 정체되었다가 다른 길로 돌아가기도 하고, 때로는 빠른 사회적 요구와 결합해서 급물살을 타기도 합니다.

3장에서 살펴볼 생명공학 기술은 생명을 다룬다는 점에서 특히 사회적 저항이 많았지요. 일반인을 대상으로 한 설문 조사 결과를 보면 같은 생명공학 기술이라도 '의료나 제약 등에 적용되는 생명공학'레드 바이오테크, Red biotechnology과 유전자 재조합 식품처럼 '식량 기술에 적용되는 생명공학'녹색 생명공학, Green biotechnology에 대한 사람들의 인식과 태도에는 큰 차이가 있습니다. 질병을 치료하는 생명공학 기술은 쉽게 받아들이는 반면, 예상치 못한 위험성에 대한 불안으로 먹거리와 연결된 유전자조작 곡물이나 식품에는 거부감이 크지요.

반면 정보 기술은 비교적 빠른 속도로 사회에 수용되었습니다. 컴퓨터나 휴대폰의 변천사를 보면 정보 기술이 얼마나 빨리 우리의 일상을 변화시켰는지 실감할 수 있습니다. 드라마 〈응답하라 1988〉이 많은 인기를 얻은 것도 당시 사용했던 전자 기기와 물건들을 그대로 복원한 덕분이라는 분석이 있지요. 드라마 속에서 그려 낸 일상이 수많은 기술, 인공물과 떼려야 뗄 수 없이 연결되어 있듯이 현재 일어나고 있는 기술적 변화도 우리의 삶과 함께 만들어지고 있습니다.

그렇다고 해서 우리가 결코 무기력하게 기술을 받아들이거나, 또 아무런 이유 없이 배척하지는 않습니다. 지금까지 그러했듯이 사람들은 새로운 기술 변화에 적극적으로 대응하고 있지요. 과거 1차와 2차 산업혁명 과정에서 유럽 사람들 역시 새로운 변화에 때로는 저항하고 때로는 적극적으로 수용하면서 함께 살아가는 법을 깨우쳤습니다. 낯선 기술들과 함께 살아가는 법을 슬기롭게 배워 나간 것이지요. 그 과정에서 기술은 점차 친근해져 오래된 휴대폰이나 라디오를 정겹게 그리워하듯, 그렇게 우리의 일상이 됩니다.

기술이 사회를 변화시킨 만큼 우리 사회도 기술에 변화를 일으킵니다. 우리가 새로 나온 카메라와 컴퓨터의 기종을 선택하고, 유전자조작 식품을 먹을지 결정하는 사소한 과정 역시 해당 기술에 큰 영향을 미칩니다. 기술과 사회는 서로 영향을 주고받는 역동적인 관계를 통해 발전하지요.

다음 장부터 인공지능이나 생명공학과 같은 구체적인 기술들을 통해서 기술과 사회의 관계를 짚어 보려 합니다. 그 과정에서 기술 발전으로 우리 자신의 삶에 어떤 변화가 일어날지 살펴보겠습니다.

2장

인공지능과 함께 살아가기

#1

2016년 3월, 전 세계를 놀라게 한 사건이 벌어졌습니다. 구글 딥마인드가 개발한 인공지능^{AI} 알파고가 당시 세계 바둑의 최강자 중 한 명으로 꼽히던 우리나라의 이세돌 9단을 상대로 4대 1이라는 압도적 승리를 거둔 것입니다.

알파고가 불러온 충격은 이후 우리나라에서 인공지능에 대한 관심이 비약적으로 높아지는 계기가 되기도 했습니다. 그런데 현재 바둑계에는 당시 대결 때는 예상치 못했던 거센 변화의 바람이 불고 있습니다. 알파고가 두었던 수가 낯설었던 일부 사람들은 알파고의 실수를 의심할 정도로 의아해했지만, 이제는 오히려 사람들이 그 수를 따라 하게 된 것입니다. 덕분에 오랫동안 이어져 온 바둑의 정석이 바뀌고 포석이 다양해지면서 바둑이 활성화되고 사람들의 실력이 상향되었지요. 체스와는 비교할 수 없을 만큼 높은 직관력과 종합적인 판단력이 요구되는 바둑에서 인공지능이 보여 준 놀라운 능력은 프로 기사들마저 인공지능으로 훈련하는 상황을 만들어냈습니다. 하지만 인공지능이 승률에만 치중하는 바람에 기사들마다 가지고 있던 포석의 개성이 사라지고 평준화되었다는 문제를 제기하는 이들도 있습니다. 과연 인공지능은 역사가 깊은 인류의 바둑 문화에 긍정적인 영향을 미치고 있는 것일까요?

#2

2019년에 독일의 자동차 회사 아우디의 자율 주행 담당인 토어스텐 레온하르트 박사가 국내 언론과 인터뷰를 했습니다. 기자는 "자율 주행차에 사고가 일어났

을 때 책임은 누가 질 것인가?"라고 날카로운 질문을 했지요. 그러
자 박사는 "운전의 주체"라고 단호하게 말했습니다. 사고 순간에
누가 운전을 했느냐에 따라 책임을 지면 된다는 자신만만한 대답
입니다.

　　레온하르트 박사는 운전자가 누구인지는 데이터 기록 장치가
밝혀 줄 것이며, 아우디는 자율 주행 시스템의 완벽성을 추구하는
만큼 사고에 따른 책임을 분명히 감수하겠다고 강조했습니다. 자
사의 자율 주행 시스템이 완벽하다는 것을 역설한 셈이지요. 하지

만 상용화가 언제쯤 가능하겠냐는 기자의 질문에 대해서는 이렇게 답했습니다.

"이미 자율 주행 기술을 시장에 선보일 준비는 끝났다. 예를 들어 신형 아우디 A8은 자율 주행 기술과 센서 등이 결합돼 상당한 지능에 도달했다. 하지만 아직 시험 단계를 거치고 있는데, 자율 주행 규제와 관련해 논의가 진행 중이기 때문이다. 규제 관련 논의가 곧 마무리되면 투입이 가능하다. 그런데 그리 빠르지는 않을 것이다. 그래서 자율 주행이 상용화되기 위해선 30년 이상은 걸리지 않을까 생각한다."

아우디의 경우를 모든 자율 주행 자동차의 경우로 확대하기는 힘들겠지만 다른 자동차 회사들도 규제로 많은 어려움을 겪고 있는 점을 감안한다면, 30년 이상이라는 박사의 예상에 대부분 동의할 것 같습니다. 그런데 기술적으로 모든 준비가 끝났다는 박사의 말과는 달리 2018년에 우버와 테슬라가 시험 주행하던 자율 주행차가 사고를 일으켰고, 첫 보행자 사망 사건까지 발생하고 말았습니다. 과연 자율 주행차는 기술적으로 아무런 문제가 없는 것일까요? 또 기술적 측면은 완성되었는데 상용화가 왜 이렇게 오래 걸리는 것일까요? 기술과 규제의 괴리는 왜 생기는 것일까요? 좀 더 깊이 들어가서, 기술과 사회적·법률적 규제를 완전히 분리해서 사고하는 것이 가능할까요?

#3

인터넷 쇼핑몰이나 온라인 서점에서 어떤 물건을 구입하고 나면 '이 물건을 산 구매자는 이런 물건도 구입했습니다'라는 안내 문구와 함께 여러 가지 상품들을 보여 줍니다. 여러분도 이런 경험이 있을 것입니다. 이런 추천 상품들이 귀찮게 느껴지기도 하지만, 경우에 따라서는 잘 몰랐던 아이템을 알게 해 주어서 고맙기도 하지요.

저도 세계 최대의 온라인 쇼핑몰인 아마존에서 책을 몇 권 구입하면 이메일로 추천 도서가 계속 쏟아져 들어오곤 합니다. 그렇다면 쇼핑몰들은 어떻게 내가 좋아할 만한 상품들을 족집게처럼 추천해 주는 것일까요? 나와 같은 제품을 샀다는 다른 구매자는 과연 누구일까요? 실제로 존재하는 구매자들일까요? 아니면 단지 컴퓨터 프로그램을 구성하는 '알고리즘'이 정한 가상의 구매자들에 불과한 것일까요? 알고리즘은 정말 이런 구매자들을 '아는' 것일까요?

인공 '지능'이란?

앞에서 예로 든 몇 가지 상황들은 우리가 생활하면서 흔히 겪는 일들입니다. 인공지능은 우리가 깨닫지 못하는 사이에 여러 가지 모습으로 이미 우리 주변에 들어와 있습니다. 최근에 언론에서 자주 다루는 스마트폰의 인공지능 비서나 인공지능 스피커가 그런 예에 해당하지요.

애플은 이미 2011년부터 아이폰에 지능형 인공지능 기술인 '시리'Siri를 적용했습니다. 시리와 같은 인공지능 비서는 향상된 음성 인식 기술 덕분에 말로 정보를 검색해 주는 것은 물론 번역 기능까지 수행합니다. 또한 국내 통신사들과 자동차 회사들도 개발에 힘을 쏟고 있는 인공지능 스피커는 음성 인식 기능을 통해 날씨 정보와 음악 듣기, 영화와 방송 검색, 환율이나 인터넷 검색 등의 기능을 발휘합니다.

"이런 것들도 인공지능이라고 할 수 있나요?"라고 물을 수도 있겠네요. 인공지능이라면 SF 영화에 나오는 것처럼 인간을 능가하거나 최소한 사람과 같은 수준의 지능을 가져야 한다는 것이 일반적인 생각이니까요. 우리 곁에서 볼 수 있는 인공지능 비서나 인공지능 스피커는 간단한 검색을 해 주는 정도여서 사람들이 호기심 삼아 몇 번 사용하다가 이내 관심이 식어서 사용하지 않는 경우가 많습니다. 몇 해 전에 큰 화제를 모았던 영화 〈그녀〉Her에서처럼 사용자가 인공지능 대화 프로그램과 사랑에 빠질 정도가 되려면 아직 넘어야 할 산이 많은 것이 사실입니다.

'인공지능이 무엇인가'라는 질문에 답하기란 쉬운 일은 아닙니다. 하지만 인공지능이 인간의 정신 활동을 컴퓨터의 계산으로 흉내 낼 수 있다는 믿음을 기반으로 한다는 것에는 대부분 동의하지요. 여기에는 사람의 지능이 컴퓨터의 계산과 다를 바 없으며, 뇌와 기계 모두 원리상 같은 정보처리 장치라는 가정이 깔려 있는 셈입니다.

생물과 기계의 원리가 같다고?
사이버네틱스

'사이버네틱스'cybernetics 같은 개념이 그 믿음의 시초라고 할 수 있습니다. 2차 세계대전 당시 수학자 노버트 위너는 독일군 전폭기를 추적하는 대공포를 개발하는 과정에서 전폭기의 빠른 속도를 인간 대공포수가 따라잡지 못하는 문제점을 해결하기 위해 인간과 기계의 결합을 모색했습니다. 이 과정에서 사이버네틱스 개념이 처음 등장했습니다. 위너는 생물과 기계가 모두 똑같은 정보처리 장치라는 생각을 하게 되었지요.

우리가 전기 장판에 사용하는 온도 조절 장치를 예로 들어 볼게요. 입력된 온도 값에 따라 전기 장판이 그 온도에 가깝게 올라가면 스위치를 꺼서 온도를 낮추고, 온도가 그 이하로 내려가면 다시 스위치를 켜서 일정한 온도로 유지시킵니다. 이처럼 입력되는 정보를 처리해서 장판이 일정 온도 이상으로 올라가지 않도록 하는 것은 주변 환경의 정보를 해석해서 자신의 생명을 유지하는 생명체와 별 다를 바 없다는 것이 사이버네틱스 개념입니다.

우리 몸도 운동을 해서 체온이 올라가면 땀을 흘려 증발열을 통해서 체온을 낮추려고 하고, 반대로 날씨가 추워져서 체온이 떨어지면 몸을 벌벌 떨게 만들어서 체온을 높이려고 시도합니다. 전기 장판이나 생물체 모두 일정한 온도를 유지하는 시스템이라고 보는 것이지요.

노버트 위너는 저서 《사이버네틱스》에서 두 가지 중요한 개념을 제기했습니다. 제어와 커뮤니케이션의 공학은 마치 동전의 양면처럼 불가분의 관계라는 것이지요. 그는 17세기와 18세기 초엽이 시계의 시대였고 18세기와 19세기가 증기기관의 시대였다면, 현재는 제어와 커뮤니케이션의 시대라고 했습니다. 위너의 주장이 특히 중요한 의미를 가지는 것은 그가 단지 공학적 시스템뿐 아니라 생물 시스템까지도 염두에 두고 있었기 때문입니다.

또한 영국의 수학자 앨런 튜링은 독일군의 암호 장치 '에니그마'Enigma를 해독하는 과정에서 디지털 컴퓨터를 개발했고, 곧 기계의 지능과 인간의 지능을 구분하기 어려워질 것을 예견하면서 유명한 '튜링 테스트'라는 사고 실험을 내놓기도 했습니다.

이후 많은 수학자와 컴퓨터 공학자들이 인공지능에 대한 낙관론을 펴기 시작했지요. 1950년대에 MIT의 마빈 민스키는 앞으로 수십 년 내에 인간과 같은 수준으로 사고할 수 있는 인공지능이 탄생할 것이라고 장담했습니다. 1960년대에 심리학자이자 인지 과학자인 허버트 사이먼은 컴퓨터가 체스 챔피언이 되고, 새로운 수학 정리를 찾아내고 증명할 것이며, 대부분의 심리학 이론이 컴퓨터 프로그램의 형태를 취할 것이라고 예견했습니다. 사이먼의 첫 번째 예언은 정말 실현되었지요.

　그렇지만 컴퓨터로 인간의 지능을 흉내 낸다고 해서 말 그대로 사람과 똑같이 생각하는 방식은 아닙니다. 그동안 인류는 자연의 많은 것을 모방해서 편의를 위한 장치들을 개발했지요. 가장 대표적인 것이 먼 바다까지 항해하는 선박이나 물속으로 탐험할 수 있는 잠수함, 그리고 하늘을 나는 비행기입니다. 사람은 바다로 나가기 위해 물고기를 흉내 내서 배를 발명했지만 물고기처럼 비늘을 달거나 지느러미를 움직여 추진력을 얻지는 않지요. 그 대신 돛이나 스크루를 이용합니다. 또한 새를 모방해서 비행기를 만들었지만 날개를 퍼덕이는 대신 고정된 날개에 프로펠러나 제트 엔진을 달아서 비행이라는 목적을 이루었습니다.

　알고리즘을 통해서 지능을 흉내 내는 것도 비슷합니다. 컴퓨터의 빠른 계산 능력과 정확성으로 사람이 사고하는 것과 흡사한 과정을 만들어 내려는 시도인 것이지요. 컴퓨터의 성능이 발달하면서 그동안 상상만 했던 인공지능의 시도가 실제로 이루어졌습니다. 그 대표적인 경우가 체스 프로그램입니다.

　그렇다면 체스가 인공지능 연구의 첫 대상이 된 이유는 무엇일까요? 1965년, 러시아의 수학자 알렉산더 크론로드는 당시 귀했던 고성능 컴퓨터로 체스 프로그램을 연구하는 이유에 대해 체스는 인공지능의 초파리이기 때문이라고 설명했습니다. 초파리는 학명이 'drosophila'로 생물학의 역사에서 없어서는 안 될 중요한 생물입니다. 당시 생물학자들은 복잡한 생물 대신 한 세대의 길이가 짧아서 유전자의 변이를 쉽게 관찰할 수 있는 초파리를 선호했습니다. 마찬가지로 초기 인공지능 연구자들도 비교적 복잡성이 덜한 체스 게임에서 인간을 능가하는 능력을 입증해 보려고 시도한 것이지요. 게임에는 엄밀한 규칙이 있고 분명하게 승자가 정해져 있어서 자동화하기 좋은 분야입니다. 가능한 행동이 특정한 세트로 분류되어 있고, 경기자들은 매 단계마다 이 행동 세트를 선택해야 하지요. 그리고 누가 승자가 되고 어떤 행동이 승리에 기여하는지 파악하기가 비교적 쉽습니다. 인공지능을 개발하는 데 체스 게임은 아주 이상적인 공간인 거지요. 1997년에 IBM의 '딥 블루'Deep Blue 컴퓨터가 당시 체스 챔피언이었던 가리 카스파로프를 이기면서 큰 파란을 일으켰답니다.

알아서 배우는 딥 러닝,
알파고

이처럼 초기 인공지능 연구는 체스나 장기처럼 상대적으로 덜 복잡하고 특정한 분야에 한정된 기능을 학습시키는 방식으로 진행되었습니다. 철학자 존 설은 인공지능을 '강한 인공지능'과 '약한 인공지능'으로 나누었는데, 전자는 정확한 입력과 출력을 갖추고 충분한 능력을 가진 컴퓨터가 인간과 같은 지능을 얻는 것입니다. 실제로 많은 인공지능 연구자들은 강한 인공지능의 지지자들이라고 할 수 있지요. 반면 약한 인공지능은 컴퓨터나 기계가 사람과 같은 정도의 지능을 가질 필요는 없고, 사람들을 대신해 여러 가지 지적 문제 해결 능력을 갖춘 수준을 가리킵니다.

실제로 오늘날 우리 주위에서 인공지능이라는 이름을 달고 출시되는 수많은 가전제품과 기계 장치들은 약한 인공지능 중에서도 가장 낮은 수준에 해당합니다. 그보다 높은 수준으로는 최근 우리나라에도 도입된 IBM의 인공지능 의사 '왓슨'을 들 수 있는데, '전문가 시스템'으로 간주되기도 합니다. 전문가 시스템은 고도로 발달한 컴퓨터로 많은 데이터를 축적할 수 있기 때문에 체스 경기에서 사람을 이기거나 암 진단과 같은 질병의 진료에서 인간을 능가하는 능력을 발휘하는 것입니다.

최근에 인공지능 분야에서 이룬 획기적인 진전은 바로 '머신 러닝'기계학습, machine learning, 그중에서도 '딥 러닝'deep learning입니다. 앞에서 이야기했던 알파고가 바로 그 결과라고 할 수 있지요. 그럼 머신 러닝과 딥 러닝의 다른 점은 무엇일까요? 지도 학습과 비지도 학습의 차이로 설명할 수 있습니다. 지도 학습은 인공지능에게 입력과 출력에 대한 일종의 자습서를 주고 일일이 학습을 시키는 과정입니다. 조금 투박한 예를 들자면, 일한日韓 번역 프로그램에서 일본어의 '今日は(こんにちは)'를 컴퓨터가 '오늘은'이라고 잘못 번역했을 때, 이것을 낮에 하는 인사말인 '안녕하세요'로 고쳐주는 방식이 지도 학습입니다. 이렇게 컴퓨터를 가르치면 다음에는 문맥에 따라서 자동으로 '안녕하세요'라고 번역하겠지요. 다른 예로 개의 모습을 담은 영상을 보고 그것이 개라고 인식하게 만들려면, 개의 꼬리, 귀, 다리 등에 대한 특성을 인식하는 것을 학습시키는 방식입니다.

반면 비지도 학습은 '자율 학습'이라고 불리는데, 학생들이 방과 후에 학교에서 하는 자율 학습과 비슷합니다. 정규 수업 시간에는 선생님의 수업을 들으면서 학습을 했다면, 자율 학습 시간에는 누구의 지시도 없이 스스로 인터넷 강의를 듣거나 책을 읽고 인터넷을 검색하는 등 필요한 정보를 수집해 가면서 공부를 하는 것이지요. 대표적인 경우가 사람의 뉴런이 정보를 처리하는 방식을 흉내 내는 '인공 신경망'Artificial neural network입니다.

하단의 첫 번째 그림은 우리 뇌 속에 있는 신경세포가 전기 신호를 받아서(입력) 여러 가지 가중치를 두어 다른 세포에 내보내는(출력) 과정을 간단히 표시한 것입니다. 이처럼 전기 신호를 받아서 다시 다른 뉴런에게 전파하는 것을 발화firing라고 합니다.

인공 신경망은 뇌의 정보 처리 과정을 수학적 모형으로 만든 것입니다. 63쪽 그림처럼 입력층과 숨겨진 층, 그리고 출력층으로 이루어지지요. 여기에서 화살표들은 그림에서 나타나듯이 저마다

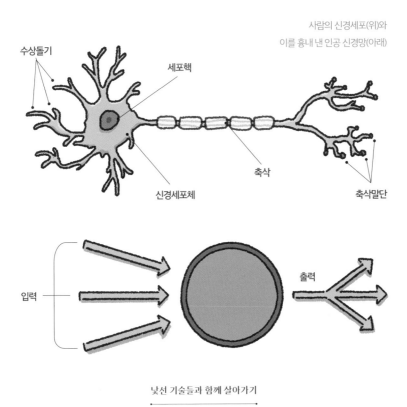

사람의 신경세포(위)와
이를 흉내 낸 인공 신경망(아래)

낯선 기술들과 함께 살아가기

다른 '가중치'를 가지고 있습니다. 이러한 가중치를 높이거나 낮추는 과정을 통해 스스로 특성을 찾아내어, 사진에서 개의 모습을 인식하거나 메일함에서 스팸 메일을 걸러내는 등의 목표를 수행해 나갑니다.

알파고가 기존의 체스 프로그램과 다른 이유도 바로 딥 러닝에 있습니다. 2016년에 이루어진 이세돌 9단과의 대국에서 알파고는 초반부터 변칙적인 수를 잇달아 두면서 바둑 전문가들을 놀라게 했습니다. 그중에서도 가장 충격적인 것은 알파고가 둔 두 번째 대국의 37수였습니다. 당시 알파고가 흑을 잡았는데 우변 백돌에 바둑계에서 흔히 '어깨 짚기'라고 불리는 수를 두었습니다.

인공 신경망이 작동하는 과정

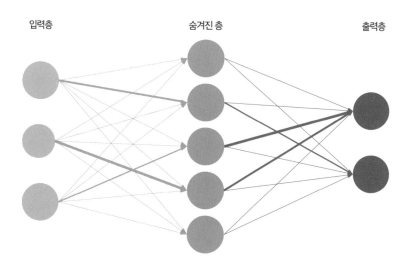

입력층   숨겨진 층   출력층

전문가들은 바둑의 기본을 아는 사람이라면 절대 두지 않는 수라고 입을 모았습니다. 김성룡 9단은 바둑 TV 실황 중계에서 알파고가 둔 가장 놀라운 수라고 말하면서 아무도 예상하지 못했다고도 했지요. 이세돌 9단도 이 37수에 놀랐고 무려 20분 동안이나 장고를 거듭하

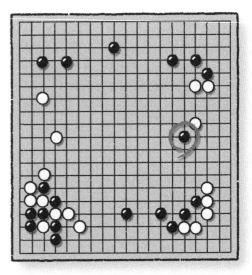

논란이 된 알파고의 2국 37수(빨간 원 안에 있는 돌)

다가, 결국 두 번째 대국도 초읽기에 몰리면서 211수만에 돌을 던지고 말았습니다. 〈동아사이언스〉 보도에 의하면 중국의 바둑 대가인 섭위평 9단도 2국 37수를 보면서 알파고에게 경의를 표했다고 합니다.

　　앞서 말했듯 알파고는 바둑에서 정석으로 알려져 있던 많은 것들을 바꾸며 바둑에 대한 선입견과 고정관념을 깨뜨렸다는 평을 받고 있습니다. 알파고는 은퇴했지만 이후 한층 업그레이드된 알파고의 인공지능 후예들이 펼치는 여러 가지 수법들은 이미 새로운 바둑의 정석으로 자리 잡았지요. 처음에는 인공지능이 인간들의 정석을 보고 훈련했지만 이제는 거꾸로 인간들이 인공지능의

새로운 정석을 학습하고 있는 셈이네요.

그렇지만 알파고와 같은 인공지능이 과연 진짜 바둑을 두는 것일까요? 아니면 바둑이라는 형식을 빌려 단지 확률 계산을 하고 있는 것일까요? 인공지능인 알파고는 당시 자신이 펼친 대국을 어떻게 받아들였을까요? 인공지능의 눈에 비친 세상은 우리가 보는 세상과 어떻게 다를까요?

인공지능의 눈으로 세상을 보면 어떤 모습일까?

SF 영화 〈아이, 로봇〉에서 주인공 형사는 로봇을 극도로 싫어하는 혐오주의자입니다. 이 영화에서 로봇 공학자는 로봇을 싫어하는 형사에게 일부러 자신의 수사를 의뢰하고 스스로 목숨을 끊습니다. 그런데 형사가 로봇을 싫어하는 이유는 로봇이 자신에게 어떤 피해를 주어서가 아니라, 오히려 자신의 생명을 구해 주었기 때문입니다. 주인공이 운전 중 사고로 다른 차와 충돌해 차 속에 갇힌 채 물에 빠지자, 지나가던 로봇은 로봇공학 3원칙에 의거해서 지체없이 물속으로 뛰어들어 주인공을 구해 냈습니다. 로봇공학 3원칙은 SF 작가 아이작 아시모프가 자신의 작품에서 처음 제시한 것인데요. 첫째, 로봇은 인간에게 해를 입혀서는 안 되며 인간을 위험에서 구해야 한다. 둘째, 타인을 해하려는 의도를 가진 인간의 명령에는 따르지 않으며, 그 이외의 경우 인간의 명령에 복종한다. 셋째, 위의 두 가지 원칙에 어긋나지 않을 때 스스로를 위험에서 지켜야 한다.

그러면 영화 속 로봇의 행동에서 도대체 무엇이 잘못이었을까요? 형사는 로봇에게 자신의 차와 충돌해서 함께 물에 빠진 다른 차의 어린 소녀를 구하라고 지시했습니다. 하지만 로봇은 엄격한 알고리즘에 의거해서 주인공의 말을 듣지 않고 강제로 그를 구했고, 그 결과 어린 소녀는 주인공이 보는 앞에서 죽어 갔기 때문입니다. 그렇다면 로봇은 어떤 알고리즘에 의거해서 형사를 구했을까요? 그것은 생존 확률이었습니다. 물에 뛰어든 로봇은 하나였고 이 로봇이 구할 수 있는 건 한 사람뿐이었는데, 건장한 주인공 형사의 생존 확률이 소녀보다 훨씬 높기 때문입니다.

결국 알고리즘에 따르면 로봇은 아무런 잘못을 하지 않았습니다. 하지만 형사는 이 로봇의 알고리즘이 불러온 결과 때문에 자기 대신 죽어 가던 어린 소녀의 눈망울을 떠올리는 악몽에 시달리게 되었지요. 만약 인간 구조자가 로봇과 똑같은 상황에 처했다면 어떤 판단을 내렸을까요? 로봇처럼 생존 확률이라는 수치로 판단하기보다는 어쩌면 연약한 어린 소녀 쪽을 택했을지도 모릅니다. 형사는 생존 확률이 낮더라도 당연히 약자인 소녀를 구해야 한다는 인간적 가치와 그에 따른 판단의 우월성을 더 높이 평가한 것입니다.

이 사례는 인간의 가치가 계산적 합리성이나 엄격한 논리에 입각한 것이 아니라 오랜 관습과 가치, 측은지심과 같은 가치관, 노약자나 신체부자유자를 먼저 구해야 한다는 문화적 전제 등에 기반한다는 것을 잘 보여 줍니다.

영화 〈타이타닉〉에서 배가 침몰하는 사고가 벌어졌을 때 누가 먼저 구명보트에 탈 것인지 우선순위를 정하는 문제도 마찬가지입니다. 빙산에 부딪쳐 배가 침몰하게 되자 승무원들은 여자와 어린아이, 노약자를 먼저 태운다는 규칙을 엄격하게 적용합니다. 그리고 남자들은 이런 규칙에 대부분 승복합니다.

사람들은 생존 확률이나 그에 따른 비용 효율성을 따지는 것이 아니라 여자와 어린아이를 먼저 구해야 한다는 우선순위가 적용되는 것을 당연시합니다. 그렇지만 로봇이나 인공지능이라면 어떤 판단을 내렸을까요? 앞서 예로 든 것처럼 체력이 약해 생존 확률이 떨어지는 여자와 어린아이나 노약자보다 건장한 청년 또는 남자를 먼저 구해야 한다는 논리를 펼칠 수도 있겠지요.

인공지능의 논리나 알고리즘에 우리가 살고 있는 세상의 상식, 도덕, 문화, 제도, 법률, 사랑, 교육, 관습은 어떤 모습으로 비칠까요? 아서 클라크의 소설 《2001 스페이스 오디세이》에 나오는 인공지능 HAL9000이 인간 승무원들과 의견 차이를 빚다가 결국엔 승무원들을 죽이고 마는 설정은 이러한 관점의 차이를 잘 보여 줍니다. HAL9000은 수행해야 할 임무가 최우선 순위였고, 승무원들이 임무 수행에 방해가 된다고 생각되자 가차 없이 살해하기 시작했지요. HAL9000의 입장에서 이런 판단은 지극히 합리적이고 이성적이지만, 인간의 관점에서는 지나치게 냉혹하고 비인간적인 처사로 느껴집니다. 로봇이나 인공지능의 눈으로 본다면 인간 세상은 지극히 비합리적이고 모순 덩어리라고 할 수 있겠지요.

그렇다면 과연 어느 쪽이 옳은 것일까요? 논리적이고 합리적이며 한치의 오차도 허용하지 않는 로봇의 관점일까요, 아니면 유동적이고 감정적인 인간의 관점이 옳을까요? 이런 철학적 물음은 자율 주행차의 실용화 시기에도 큰 영향을 미칩니다.

자율 주행차는
언제쯤 탈 수 있을까?

기술을 예측하는 사람들이 가장 먼저 현실화될 수 있는 인공지능 기술로 꼽은 것은 자율 주행차입니다. 이미 오래전부터 우리는 운전대가 없는 자동차, 또는 운전자가 독서를 하거나 잠을 자면서 자신이 원하는 목적지까지 편안하게 가는 자동차를 상상해 왔습니다. 최근 들어 이런 꿈이 성큼 우리 앞으로 다가온 것 같은데요. 구글이나 테슬라를 비롯한 여러 기업들이 앞다투어 자율 주행차를 개발해서 실제 거리에 내놓고 시운전까지 하고 있거든요. 이제 얼마 후면 자동차의 인공지능 장치가 알아서 차선을 바꾸고 다른 차량이나 보행자, 신호를 감지하며 운행하고 좁은 공간에 주차까지 완벽하게 하는 모습을 볼 수 있을지도 모릅니다.

그렇지만 앞에서 살펴보았듯이 자율 주행차 개발자들 중 상당수는 실제로 자율 주행차가 실용화되기까지 생각보다 많은 시간이 걸릴 것이라고 예측합니다. 그 이유는 무엇일까요?

운전 또는 주행이라는 행위가 단순히 자동차를 A라는 지점에서 B라는 지점으로 이동시키는 기계적인 행위로 환원될 수 없기 때문입니다. 아무런 방해물도 없는 자동차 시험장이라면 이런 가정이 어느 정도 적용될 수 있겠지요. 물론 자동차밖에 없는 시험장이라도 예상치 않게 길을 잃고 들어온 자전거나 야생동물, 또는 갑작스러운 기상 변화 등의 돌발 상황이 나타날 수 있습니다. 이보다 더 복잡한 도로에는 많은 차량과 보행자, 교통신호, 건널목과 교통법규, 그리고 보험금을 노리는 인위적인 사고 유발 등 헤아릴 수 없이 많은 요인들이 뒤엉켜 있습니다.

이런 요인들 중에서 가장 기본적인 딜레마 하나를 예로 들어 볼게요. '트롤리 딜레마'라는 고전적인 역설입니다. 1960년대에 영국의 윤리 철학자 필리파 풋이 제기한 것인데요. 우리가 흔히 윤리 원칙으로 삼는 공리주의, 즉 최대 다수의 최대 행복이라는 원칙이 현실에서 쉽게 적용되기 힘들다는 점을 잘 보여 줍니다. 문제 상황은 이렇습니다. 전차 선로에서 5명의 작업자들이 일을 하고 있습니다. 이때 전차 한 대가 고장을 일으켜 폭주합니다. 그대로 놔두면 5명이 희생됩니다. 그런데 전차 선로를 바꿔서 다른 선로로 돌리면 1명의 작업자만 목숨을 잃게 됩니다. 냉정한 알고리즘이라면 당연히 5명보다는 1명이 희생당하는 쪽을 선택하겠지요. 앞에서 예로 든 SF 영화 〈아이, 로봇〉과 유사한 상황입니다. 여러분이 선택을 해야 한다면 알고리즘처럼 1명의 작업자를 죽이는 결정을 쉽게 내릴 수 있을까요? 더군다나 그 사람이 여러분과 잘 아는 동료이고 그의 아내와 아이들까지 친밀하게 지내는 사이라면요?

자율 주행차의 논리 설계에서도 마찬가지입니다. 충돌 사고를 피할 수 없을 때 운전자와 보행자의 목숨 중 어느 쪽이 더 소중한지, 왼쪽의 보행자와 오른쪽의 보행자 중 누구를 먼저 배려해야 할지 선택해야 합니다. 이런 문제는 답이 없습니다. 누가 그 판단을 내릴 수 있겠습니까?

김익현 변호사는 2018년에 〈리걸타임즈〉에 기고한 칼럼에서 자율 주행차의 법적 책임 문제가 복잡한 이유를 설명했는데요. 교통사고와 관련한 민사 책임은 전통적으로 자동차 손해배상 보장법상 운행자 책임, 민법상 운전자의 불법행위 책임 등이 주로 논의됐지만, 자율 주행차의 경우 주행의 주도권이 운전자로부터 자동차라는 제조물로 넘어가면서 제조업자의 책임, 매도인의 하자 담보 책임, 주행도로 관리 주체 및 시스템 해커의 책임 등 다양한 주체들의 책임이 문제가 된다는 사실을 들었습니다.

참고로 미국 교통부 도로교통안전청은 자율 주행 기술의 발전 단계를 5단계로 분류합니다. 자율 주행 기능이 없는 일반 자동차는 0단계, 자동 브레이크와 자동 속도 조절 등 운전 보조 기능이 작동하는 1단계, 운전자가 운전하는 상태에서 2가지 이상의 자동화 기능이 동시에 작동하되 운전자의 상시 감독이 필요한 2단계, 자동차 내 인공지능에 의한 제한적인 자율 주행이 가능하나 특정 상황에 따라 운전자의 개입이 반드시 필요한 3단계, 시내 주행을 포함한 도로 환경에서 주행 시 운전자 개입이나 모니터링이 필요하지 않은 4단계, 모든 환경에서 운전자 개입이 필요하지 않은 5단계로 말입니다. 각 단계별로 운전자, 운행자, 제조자, 매도인의 책임 분배를 달리 구성하는 다양한 견해가 제시되고 있습니다.

인공지능의 알고리즘에
담아야 할 가치

그런데 윤리, 보험, 법률적 문제 이외에도 인공지능을 통한 자율 주행에는 근본적인 문제가 있습니다. 바로 인간의 운전, 또는 주행이라는 행위가 인공지능은 결코 이해할 수 없는 수많은 의미를 가진다는 점입니다. 여러분이 어느 날 기분이 울적해서 자율 주행차에 올라타 "그냥 아무 데나 드라이브나 좀 하자"라는 명령을 내렸다고 해 볼까요? 과연 자율 주행차가 그 의미를 이해할 수 있을까요? 어쩌면 '그냥', '아무 데나'와 같은 의미를 놓고 설명을 요구하는 통에 훌쩍 드라이브를 떠나려는 애초의 감흥마저 산산조각이 날지도 모릅니다.

과학 기술학자인 전치형 교수는 〈운전대 없는 세계-누가 자율 주행차를 두려워하는가〉라는 글에서 자율 주행 운전으로 A지점에서 B지점으로 차를 움직이게 하는 기능적 행위는 가능하지만 '자율적인 인간의 행동으로서의 운전'은 행해질 수 없다고 말합니다. 5·18 민주화 운동을 주제로 한 〈택시운전사〉라는 영화의 주인공인 택시 기사는 독일 기자를 태우고 광주로 갑니다. 처음에는 단지 돈을 벌기 위해 운전을 했지만, 민주화 운동이 벌어지는 광주를 본 그는 두고 온 손님을 데리러 떠나던 발걸음을 돌려 광주로 돌아갑니다. 이때 운전은 택시 운전사로서의 임무를 저버리지 않으려는 '소임 완수'이자 자신의 '정체성'을 지키려는 주체적인 행위였지요. 그리고 그는 우여곡절 끝에 계엄군을 향해 돌진하는 택시 부대에 동참합니다. 여기에서 운전은 무고한 시민들을 학살하는 살인자들에 대한 '저항'이자 부상자들을 살리기 위한 숭고한 '희생'입니다.

자율 주행차는 알고리즘에 따르는 인공지능을 기반으로 움직입니다. 여기서 알고리즘은 어떤 문제를 해결하기 위해 거치는 특정 절차나 방법을 가리키지요. "아라비아 숫자를 로마 숫자로 바꾸어라"와 같은 간단한 명령에서부터 복잡한 인공지능에 이르기까지 알고리즘을 이용하는 것입니다. 그렇다면 과연 우리는 자율 주행차의 알고리즘에 〈택시 운전사〉에서 나타난 운전의 다양한 가치들을 넣을 수 있을까요? 기술적 문제는 차치하고라도, 그런 사회적 합의가 가능하기는 할까요?

알고리즘의 판단을
믿어도 될까?

앞서 예로 들었던 아마존과 같은 인터넷 사이트의 자동 추천 시스템은 우리가 친숙하게 생각하는 어떤 그룹을 실재하는 것처럼 가정하는 원리를 기초로 작동합니다. 간단히 설명하자면 인터넷에서 직·간접적으로 수집되는 수많은 데이터, 내가 자주 들어가 본 사이트, 실제 구매한 물건, 선호하는 브랜드, 연령, 성별, 학력 등을 통해서 내가 무엇을 좋아하는지, 어떤 부류에 속하는지 분류하는 것입니다. 이처럼 알고리즘이 나름의 추정을 통해 가정한 대중을 '계산된 대중'이라고 합니다.

이런 이야기를 들으면 조금 기분이 나빠지지 않나요? 감히 기계, 프로그램 주제에 인간인 나를 제멋대로 분류하다니! 하지만 문제는 이 정도로 그치지 않습니다. 앞에서 이야기했듯이 알고리즘은 딥 러닝을 통해 혼자서 많은 것을 터득합니다. 광활한 인터넷에 올라온 무수한 사례를 통해 정보를 수집하고, 그 정보에 기초해서 스스로 판단을 합니다. 그런데 여기에서 문제는 우리가 살고 있는 세계가 무수한 편견과 불평등을 토대로 삼고 있다는 점이지요. 따라서 인공지능은 불평등과 편견을 학습하게 되는 것입니다.

최근 여러 사례를 통해서 알고리즘이 인종이나 성별, 거주지

등을 이유로 차별적 판단을 내리거나 부정확한 자료의 영향을 받는다는 사실이 드러나고 있습니다. 구글의 광고 프로그램인 애드센스Adsense는 인종이 드러나는 이름을 사용하여 검색한 흑인 이용자에게 범죄 기록 조회 광고를 25퍼센트나 더 노출했습니다. 또한 이용자들이 구글 검색 엔진에서 성을 '여성'으로 선택했을 때 고임금 직업 광고의 노출 빈도는 '남성'을 선택하고 이용했을 때의 6분의 1 수준에 불과했다고 합니다. 이것은 인공지능을 기반으로 한 프로그램들이 자율적인 학습을 하는 과정에서 기존 사회의 차별과 편견을 자연스럽게 배운다는 것을 뜻하지요.

확률과 계산을 기반으로 판단하는 알고리즘이 그동안 많은 사례가 쌓인 성, 계층, 지역, 연령 등 사회적 편견이나 불평등으로부터 자유로운 사고를 할 거라는 기대는 너무 섣부른 것일지도 모르겠네요.

한편으로 최근 인공지능과 로봇 분야에 가장 많은 투자를 하고 있는 집단이 미 육군을 비롯한 국방 관련 자본이라는 점도 여러 가지 시사점을 가집니다. 여기에는 앞에서 다룬 사이버네틱스와 같은 연구가 2차 세계대전과 이어진 냉전의 산물이라는 태생적 배경도 크게 작용합니다. 이 같은 측면에서 2018년 4월에 토비 월시, 제프리 힌턴, 요슈아 벤지오 등 인공지능 연구를 이끌고 있는 대표 학자 57명(29개국)이 한국과학기술원카이스트, KAIST과의 공동 연구를 거부하겠다는 선언문을 발표했습니다. 카이스트가 기업과 공동으로 인공지능 무기를 개발한다고 발표한 것에 대한 집단적 반대였지요. 이들은 카이스트가 개발하는 인공지능이 결국 킬러 로봇이 될 수 있다는 점을 우려했습니다. 그 후 인간 윤리에 위배되는 연구는 하지 않겠다는 카이스트 측의 해명을 들은 해당 연구자들이 공동 연구 보이콧을 철회하기는 했지만, 우리나라 대

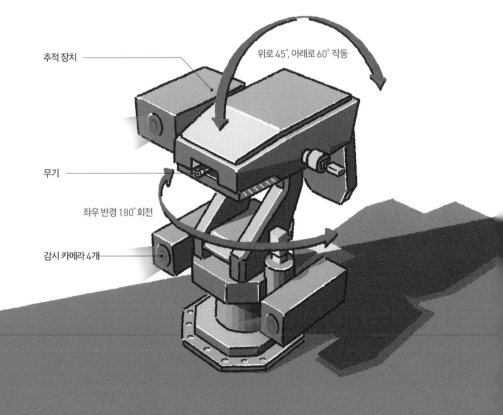

DMZ에 시험 배치된 지능형 감시 경계 로봇(SGR-A1)의 모습

추적 장치

위로 45°, 아래로 60° 작동

무기

좌우 반경 180° 회전

감시 카메라 4개

학들의 군사 연구에 대한 감수성이 너무 낮다는 문제 제기를 피하기는 힘들 것 같네요. 지금도 국내 유수의 이공대들은 방산 업체들과의 국방 관련 연구에 대해 별다른 문제를 느끼지 못하고 있으니까요.

인공지능에게도
윤리가 필요해!

인공지능을 둘러싼 윤리적·사회적 문제가 제기되면서 2017년에 인공지능 개발자와 연구자들이 미국 캘리포니아의 아실로마라는 마을에 모여서 인공지능 개발에 대한 23가지 원칙을 천명했습니다. 스페이스-X와 테슬라의 창업자인 일론 머스크가 운영하는 '생명의 미래 연구소'가 주도한 이 회의에는 물리학자 스티븐 호킹을 비롯해 세계적인 명사들이 대거 참여했습니다. 스티븐 호킹은 평소에도 인공지능이 인류를 위협할 수 있다는 우려를 여러 차례 제기했지요.

아실로마는 1975년에 재조합 DNA 연구의 윤리적 문제를 다루기 위해 폴 버그와 제임스 왓슨 등 세계적인 생물학자들이 모여 회의를 열었던 역사적 장소라는 상징성 때문에 다시 회의 장소로 선택되었습니다. 당시 회의에서 나온 이야기는 3장에서 다루어집니다. 42년 만에 과학의 핵심 관심사가 생명공학에서 인공지능으로 바뀌었습니다.

2300여 명의 과학자와 개발자들의 지지로 탄생한 23가지 인공지능 윤리 원칙은 연구 이슈 5가지, 윤리 및 가치에 대한 조항 13가지, 그리고 장기적 이슈 5가지로 이루어져 있습니다. 그중 일부만 살펴보자면 다음과 같습니다.

1항. 연구 목표 인공지능 연구의 목표는 방향성이 없는 지능을 개발하는 것이 아니라 인간에게 유용하고 이로운 혜택을 주는 지능을 개발해야 한다.

11항. 인간의 가치 인공지능 시스템은 인간의 존엄성, 권리, 자유 및 문화 다양성의 이상과 양립할 수 있도록 설계되고 운영되어야 한다.

14항. 이익 공유 인공지능 기술은 가능한 한 많은 사람들에게 혜택을 주고 역량을 강화해야 한다.

18항. 인공지능 무기 경쟁 치명적인 자동화 무기의 군비 경쟁은 피해야 한다.

23항. 공동선 초지능은 광범위하게 공유되는 윤리적 이상에만 복무하도록, 그리고 한 국가 또는 조직보다는 모든 인류의 이익을 위해 개발되어야 한다.

'아실로마 인공지능 원칙'은 구속력이 없는 일반 원칙의 천명에 불과하지만, 현재 인공지능을 연구하고 개발하는 당사자들이 스스로 인공지능 연구의 대원칙을 정하고 앞으로 인류 모두의 이익을 위해 개발한다는 인공지능의 방향성을 제기했다는 점에서 큰 의미가 있습니다.

인공지능 vs 인간?

마지막으로 다룰 주제는 인공지능에 대해서 많은 사람들이 품고 있는 두려움에 대한 것입니다. 인간과 인공지능을 둘러싼 논의에서 빼놓을 수 없는 부분이 "언젠가 기계가 인간을 대체하는 날이 오지 않을까?"라는 물음이지요. 앞으로 인공지능이 발달하면서 사라지게 될 직업 목록도 어김없이 등장합니다. 기계가 인간의 일자리를 빼앗아 갈 것이라는 두려움은 기계를 인간의 경쟁자로 생각하게 만듭니다.

결론부터 이야기하자면, 영화 〈터미네이터〉처럼 기계와 인간이 전쟁을 벌이는 장면을 연출하려는 것이 아닌 이상 이런 대결이 일어날 가능성은 매우 적습니다. 왜냐하면 만화처럼 인공지능이 괴짜 과학자의 비밀 실험실에서 갑작스레 탄생하는 것이 아니라 우리가 살고 있는 사회 한복판에서 만들어지기 때문입니다. 기술과 사회는 분리되어 있지 않기 때문에 어디까지가 기술이고 어디부터가 사회인지 구분하기는 힘듭니다.

또한 인간과 같은 수준의 인공지능, 즉 강한 인공지능이 등장하기까지는 아직도 상당한 시간이 필요하다는 것이 대다수의 견해입니다. 따라서 우리는 인공지능에 어떤 가치를 넣어야 할 것인지 머리를 맞대고 고민할 시간적 여유가 많은 셈입니다.

인공지능이 사람들의 일자리를 빼앗아 갈 것이라는 예측은 일부는 맞지만, 다른 면에서는 틀립니다. 왜냐하면 인공지능으로 새로운 일자리가 등장하기 때문이지요. 컴퓨터가 등장할 때도 비슷한 우려가 있었고 실제로 일부 직종은 사라지기도 했지만, 컴퓨터를 통해 많은 직업이 새로 등장했습니다.

증기기관이 발명된 이래 인류는 새로운 기술이나 기계와 함께 살아가는 법을 배워 왔습니다. 인류는 늘 새로운 기술에 적응하고 문제를 극복하는 저력을 발휘해 왔습니다. 우리는 인공지능의 이점을 적극적으로 활용하고, 부정적 측면은 배제시켜 나가면서 상생하게 될 것입니다.

3장

생명공학의 불확실성
다스리기

오늘날에는 생명공학이라는 말을 너무도 익숙하게 사용하고 있지만, 곰곰이 생각해 보면 '생명'과 '공학'이라는 말이 썩 어울리지 않는다는 느낌이 듭니다. 공학이라면 망치나 연장을 이용해서 무언가를 뚝딱거리고 만들거나 공장에서 기계를 이용해 물건을 만들어 내는 기술이 떠오릅니다. 그런데 생명을 이런 식으로 다룬다니 어딘지 어색하지요. 더군다나 생명공학은 영어인 'biotechnology'를 번역한 말인데 왜 '생명 기술'이 아니라 '생명공학'으로 통용될까요?

이 물음에 대한 답을 얻기 위해 생물학의 역사를 조금 거슬러 올라가 보죠. 생물학의 역사는 아주 오래되었습니다. 인류의 기원과 함께 생물학이 시작되었다고 해도 과언이 아니지요. 모든 생물은 다른 생물에 대한 이해가 없으면 살아갈 수 없으니까요. 가령 어떤 식물이나 동물을 먹이로 삼을 것인지, 그리고 나를 먹이로 삼으려는 포식자는 누구인지, 먹으면 독이 있는 식물이 무엇인지, 약으로 쓸 수 있는 식물은 무엇인지 알지 못한다면 자연에서 살아남기 힘들겠지요?

따라서 생물을 여러 범주로 나눠서 이해하는 분류학은 아주 오랫동안 생물학에서 중요한 지위를 차지했습니다. 19세기에 생물학이라는 학문 분야가 공식적으로 생겨나기 전까지 생물에 대한 연구는 자연 전체에 대한 포괄적인 관심에서 비롯된 '자연학'의 일부였습니다. 생물학자 칼 폰 린네는 18세기에 4천여 종의 동물과 식물을 망라해서 린네 분류 체계를 수립했지요. 오늘날 린네의 분류 체계가 전 세계적으로 인정받고 있지만, 우리나라를 비롯해서 거의 모든 민족이 나름대로의 생물 분류 체계를 가지고 있습니다. 이를 민속 분류 체계라고 하지요. 식물의 경우, 대부분의 분류 체계는 사람이 먹을 수 있는지 없는지가 가장 중요한 기준이었습니다.

이후 생물학은 20세기에 들어서면서 크게 바뀌었습니다. 생물에 대한 관점이 좀 더 적극적으로 바뀌어 생물을 사람의 필요에 따라 조작하려는 시도가 본격적으로 시작되었습니다.

새로운 생명공학의 등장

생명공학의 역사를 연구하는 학자들은 생명공학을 효소 기술과 발효 기술이 중심인 미생물을 이용한 구 생명공학과 1970년대 이후의 새로운 생명공학으로 구분합니다. 여기서 발효는 아주 오래된 기술이지요. 서양에서는 맥주나 포도주와 같은 술을 빚고, 빵과 치즈 같은 주요 식재료를 만드는 데 모두 발효를 이용합니다. 동양도 마찬가지입니다. 우리나라에서는 된장이나 간장과 같은 장류, 막걸리와 같은 술, 그리고 김치 같은 음식들이 유익한 미생물의 발효를 이용한 식품들이지요.

20세기 이전까지는 자연에 있는 미생물을 이용해서 식품을 만드는 것이 생명공학의 주된 접근 방식이었습니다. 자연계에 있는 미생물을 활용해서 사람에게 이로운 여러 가지 식품을 만든 것이죠. 반면 20세기 이후의 새로운 생명공학은 자연 속의 생물들을 그대로 이용하는 것이 아니라 변형하고 조작하기 시작했습니다.

오늘날 우리가 사용하는 생명공학이라는 말은 1919년에 헝가리의 농학자인 칼 에레키가 처음 사용한 것으로 알려져 있습니다. 그는 독일에서 발간한 《대규모 농장에서 고기, 지방, 우유를 생산하는 생명공학》이라는 저서에서 생물학적 원료를 이용해서 좀 더 유용한 산물을 대량으로 만들어 내는 기술을 제시했습니다. 자급 농장에서 농부들이 농사를 짓고 가축을 길러서 스스로 소비하고 남는 곡식이나 우유 같은 식품을 내다 파는 방식이 아니라, 마치 공장에서 물건을 만들 듯이 대규모로 식품을 생산하는 개념을 처음 이야기한 것이지요. 당시 이 책은 불과 몇 주 만에 수천 부가 팔릴 만큼 큰 인기를 얻었고 다른 나라 언어로도 번역되었습니다.

이처럼 20세기 이후 생물학이 해결하려고 했던 생물학적 원료를 이용한 식량의 대량생산과 그 요구에 부응하려는 움직임으로 생명공학이 시작된 것입니다. 과학 사학자 로버트 버드는 저서 《생명의 이용》에서 생명공학이 그보다 앞서 발달한 화학공학에서 모범 답안을 찾은 것이라 말했습니다. 그는 공학의 특성을 자본과 에너지 집약적인 공정을 이용해서 그 산물을 대량생산하는 것이라고 보았거든요.

생명의 비밀을 풀 열쇠,
DNA 이중나선 구조를 발견하다!

인간을 비롯한 생물들은 자신을 닮은 후손을 낳지요. 부모와 아이가 너무 비슷할 때 흔히 "붕어빵이네"라고들 말합니다. 왜 아이는 부모의 외모나 그 밖의 특징들을 빼닮을까요? 여러분에게 이런 물음은 무척 당연하게 들리겠지만, 생물학자들은 오랫동안 그 비밀을 밝히기 위해 노력해 왔습니다.

생물을 무생물과 구별하게 하는 가장 중요한 특징 중 하나가 이처럼 자신과 같은 종의 개체를 계속 낳는 것입니다. 이것을 생식, 또는 재생산이라고 하는데 매우 안정적이고 정확하게 이루어지죠. 이 과정은 오랫동안 과학이 밝혀내지 못한 수수께끼였습니다. 그래서 과학자들은 생명의 재생산 과정을 안정적이고 정확하게 만드는 메커니즘을 밝혀내고, 그 중심 물질이 무엇인지 알아내려고 노력했습니다.

지금은 모두 알고 있는 사실이지만 DNA가 생명의 암호이며, 스스로를 복제할 수 있다는 사실이 밝혀진 것은 1953년입니다. DNA는 데옥시리보핵산Deoxyribo Nucleic Acid의 머리글자를 따서 만든 약어입니다. DNA는 고분자 화합물로, 뉴클레오타이드nucleotide라 불리는 가닥이 이중나선 모양으로 꼬여 있는 구조입니다.

DNA가 유전물질, 즉 사람을 비롯한 생물체의 형질을 다음 대까지 대물림해 주는 물질이라는 사실은 이미 오즈월드 에이버리와 그의 뒤를 이어 연구한 과학자들에 의해 밝혀진 상태였습니다. 오즈월드는 폐렴의 쌍구균을 연구하면서 DNA를 분리하는 데 성공했지요.

그렇지만 에이버리가 발견한 DNA가 유전과 복제를 가능하게 해 주는 핵심 물질이라는 사실이 곧바로 인정되지는 않았습니다. 복잡한 생명체의 특성을 발현시키기에는 핵산이라는 물질이 너무 단순해 보였기 때문입니다. 데옥시리보핵산은 4가지 염기, 즉 아데닌(A), 구아닌(G), 사이토신(C), 그리고 티민(T)으로 구성되어 있습니다. 그래서 오랫동안 생물학자들은 단백질을 후보 물질로 생각해 왔습니다. 단백질은 거대 복합 분자로, 20가지 종류의 아미노산이 펩타이드결합을 이루어 복잡한 구조를 형성합니다. 그 덕분에 많은 정보를 가질 수 있는 단백질이 생명의 암호를 담는 핵심 물질이라고 생각했지요.

1953년에 제임스 왓슨과 프랜시스 크릭이 해낸 DNA 이중나선 구조 발견은 생명에 대한 이해와 생명공학의 발전에 크게 기여한 중요한 사건입니다. 두 사람이 자신들이 만든 커다란 이중나선 모형 앞에서 찍은 이 사진은 유명하지요.

왓슨과 크릭은 당시 아주

철물점에서 사 온 양철판으로 어설프게 만든 약 2미터 크기의 DNA 이중나선 구조 모형을 가리키고 있는 왓슨과 크릭

젊은 과학자들이었고, 그들이 라이너스 폴링 같은 저명한 과학자

와 치열한 경쟁을 벌였던 이야기는 잘 알려져 있는데요. 제임스 왓슨은 1968년에 출간한 저서 《이중나선》에서 경쟁 과정을 가감 없이 솔직하게 다루기도 했습니다.

이들의 이중나선 구조 발견이 그토록 중요한 이유는 무엇일까요? 생물학자 군터 스텐트는 그 이유로 모두의 눈에 확실하게 띄는 모형을 제시한 것을 꼽았습니다. 사실 왓슨과 크릭 이전에도 DNA와 유전자의 존재를 주장한 과학자들은 많았습니다. 유전자라는 말을 쓰지는 않았지만 물리학자 에르빈 슈뢰딩거는 이미 1940년대 초반에 저서 《생명이란 무엇인가》에서 당시 물리학자들 사이에서 '패러독스'(역설)로 불리던 생명 복제 현상의 핵심 메커니즘에 유전자가 있을 것이라는 주장을 제기했습니다. 그는 생명현상은 독특한 것이지만 역시 물리법칙으로 해명할 수 있을 것이라는 강한 신념을 가졌지요.

크릭은 훗날 자신의 자서전에서 DNA 이중나선 구조 자체가 많은 이야기를 해 준다고 말했습니다. 그는 "왓슨과 크릭이 DNA 구조를 유명하게 만든 것이 아니라 그 구조가 왓슨과 크릭을 유명하게 만들었다"고 했지요. 여기에서 크릭이 이야기한 DNA 구조 자체에 담긴 뜻은 두 가닥으로 꼬인 이중나선이 스스로를 복제하는 메커니즘을 보여 준다는 사실입니다. DNA 이중나선 구조의 마지막 조각이 제자리에 맞춰졌을 때, 크릭은 그 발견의 의미로

"생명의 비밀을 풀었다"고 말했지요. 과학 철학자인 이블린 폭스 켈러는 당시 많은 사람이 DNA 이중나선 구조의 발견에 흥분한 이유를 다음과 같이 설명했습니다. 유전자의 놀라운 자기 복제 메커니즘, 즉 놀랄 만큼 단순한 메커니즘을 밝혔을 뿐 아니라, 수많은 세대에 걸쳐 복제되는 기적에 가까운 유전자의 안정성과 신뢰성을 간단한 모형으로 설명한 덕분이라고요. 서로를 보완해 주는 상보적 염기쌍은 복제와 보존을 한꺼번에 할 수 있는 것처럼 보였기 때문입니다.

앞에서도 이야기했듯이 왓슨과 크릭은 당시 기라성 같은 과학자들과 치열한 경쟁을 벌이느라 논문을 길게 쓸 여유가 없어서 급하게 한 쪽짜리 논문을 과학 잡지 〈네이처〉에 실었습니다. 그마저도 미술가였던 크릭의 아내 오딜 크릭이 그린 이중나선 구조 그림을 중심으로 그 의미를 해석한 것이었습니다. 하지만 이 짧은 논문이 생명에 대한 인식을 바꾸어 놓았고, 이후 생명공학이 발전할 수 있는 토대를 마련해 주었지요.

그 후 DNA가 생명의 핵심 물질인 단백질을 합성하는 역할을 한다는 사실이 밝혀졌습니다. 처음 주장한 사람은 크릭으로, 1957년 9월에 런던 대학교에서 '거대분자의 생물학적 복제'라는 제목의 강연을 했습니다. 그는 유전자의 중요한 기능이 단백질을 합성하는 것이며, DNA가 직접 그 일을 수행할 필요는 없다는 가설을 제기했는데요. 이것이 그 유명한 중심원리central dogma입니다. DNA의 암호가 RNA로 옮겨져서 단백질을 합성한다는 원리지요. DNA에서 RNA로 유전 암호가 옮겨지는 과정을 전사라고 합니다. 당시에는 이러한 정보의 전달이 DNA에서 RNA, 그리고 단백질, 즉 한 방향으로 이루어진다고 생각했습니다. 하지만 최근에는 한 방향이 아닌 예외적 증거들이 발견되면서 크릭의 중심원리는 '일반적 정보 전달의 흐름'으로, 예외적인 현상들은 '특수한 정보 전달의 흐름'으로 구분하고 있습니다.

생명의 이해를 넘어서
창조로 가는 기술

왓슨과 크릭의 DNA 이중나선 구조 발견으로 생명에 대한 이해는 크게 변화했습니다. 이제 생명을 두 가닥의 DNA를 구성하는 4가지 염기 배열로 이해할 수 있게 된 것이지요. 그동안 패러독스로 여겨진 생명의 자기 복제 과정이 분자 수준에서 명쾌하게 이해되었기 때문에, 과학자들은 이제 생명을 이해하는 데 그치지 않고 생명을 원하는 방식으로 조작할 수 있는 가능성이 열렸다는 것을 깨

달습니다.

그리고 이 가능성은 1973년에 재조합 DNA 기술의 등장으로 실현되었습니다. 재조합이란 말 그대로 한 생물체의 DNA의 염기 서열 중에 중요한 특징을 발현시키는 부분을 잘라 내서 다른 생명체에 접합시키는 방식입니다. 이 기술은 DNA 이중나선 구조 발견에 필적할 정도로 생명공학의 발전에서 무척 중요한 의미를 가집니다. DNA 재조합 기술은 스탠리 코헨과 허버트 보이어라는 과학자에 의해 최초로 개발되었습니다.

이제 인류는 유전자 재조합을 통해서 지금까지 존재하지 않았던 전혀 새로운 종류의 생물체를 만들 수 있게 된 셈입니다. 말하자면 종의 경계를 뛰어넘을 수 있는 힘을 가지게 된 것이지요. 이 기술을 통해 자연 상태에서는 발견될 수 없는 새로운 종류의 잡종 생물이 탄생할 수 있게 되었으니 그 잠재적 가능성은 거의 무한한 것으로 평가됩니다.

한번 예를 들어 볼게요. 햇빛이 들지 않는 깊은 바다에 사는 넙치는 추위에 잘 견딥니다. 따라서 넙치의 DNA 중에서 추위를 잘 견디는 특성을 가진 유전자를 채소나 과일에 넣으면 서리나 갑작스러운 기온 저하로 인한 냉해에 강한 품종을 만들 수 있겠지요. 다음 그림에서처럼 면화, 옥수수, 콩과 같은 중요한 작물에 토양 박테리아에서 빼낸 BT^{바실루스 투렌제네시스, Bacillus Thuringenesis}라는 유

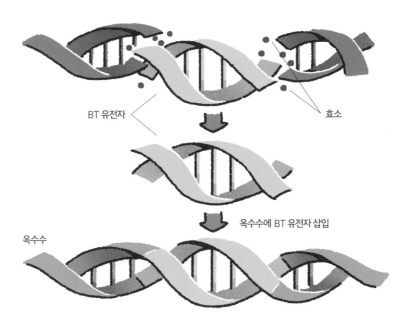

BT 유전자

효소

옥수수에 BT 유전자 삽입

옥수수

유전자 재조합 모형. 효소를 이용해서 토양 박테리아에 있는 유용한 유전자(BT 유전자)를 작물에 삽입하면
그 식물이 스스로 살충제를 분비해서 병충해에 강해진다.

전자를 넣으면 작물이 스스로 살충제를 분비해서 해충이 곡물을
먹지 못하게 할 수도 있습니다. 오늘날 전 세계적으로 이러한 제초
제 내성을 가졌거나 살충제를 분비하는 작물의 재배 면적은 날로
늘어나고 있습니다. 제초제 내성의 경우, 2017년 기준으로 전 세계
재배 면적의 47퍼센트를 차지할 정도입니다.

신의 영역에 도전하다?
유전자 재조합 기술

이처럼 유전자 재조합 기술은 유전자 재조합 식품을 비롯해서 여러 분야에서 활용되고 있지만, 새로운 기술에 대한 기대보다는 우려가 크게 대두되고 있습니다. 인간이 유전자를 마음대로 조작하는 것은 신의 영역을 침범하는 것이 아닐까? 유전자조작으로 탄생한 생물체가 실험실 밖으로 나가면 생태계 교란을 일으키지 않을까? 유전자 재조합 기술을 적용한 곡물을 먹으면 인체에 어떤 영향을 미칠까? 이와 같은 윤리적 물음과 안전에 대한 불안감이 생겨난 것이지요.

이 기술을 개발하던 과학자들 사이에서 먼저 의구심이 제기되었습니다. 그 결과로 열린 회의가 아실로마 회의지요. 이 회의는 연구자들 스스로 자신의 연구가 가지는 윤리와 안전, 사회와 법률 등의 문제점을 제기하고 올바른 해결책을 찾기 위한 방안을 모색했다는 점에서 주목할 만한 사례였습니다. 유전자 재조합 기술이 초래할 파장이 크기 때문에 연구자들 자신도 결과를 예측하기 힘든 상황임을 잘 보여줍니다.

미국 콜드 스프링 하버 연구소의 로버트 폴락이 스탠퍼드 대학교의 폴 버그와 그의 연구팀이 수행하고 있던 유전자 재조합 실험의 위험성을 지적한 것이 그 발단이었습니다. 당시 폴 버그는 원숭이의 바이러스(SV40)를 대장균에 삽입하는 실험을 하고 있었는데, 폴락은 이 바이러스가 실험실을 벗어날 경우 사람에게 감염될 수 있다는 위험을 지적했지요. 그러자 폴 버그는 실험을 중단하고, 1974년에 당시 유전자 재조합을 연구하는 학자들과 함께 모여 실험의 위험성에 대해 논의할 필요성을 제기한 서한을 과학 저널인 〈사이언스〉에 실었습니다.

많은 과학자들이 폴 버그의 주장에 호응해서 1975년에 미국 캘리포니아주의 아실로마에 모였습니다. 아실로마 회의는 무려 4일 동안 열렸습니다. 이 회의에는 폴 버그, 제임스 왓슨, 시드니 브레너를 비롯해 80여 명의 과학자들이 참여해서 열띤 논쟁을 벌였지요. 20여 명의 언론인들이 취재를 할 만큼 당시 이 주제에 대한 관심은 뜨거웠습니다.

참석자들은 유전자 재조합 DNA 실험의 위험을 4단계로 분류하고, 발생 가능한 위험을 막기 위한 가이드라인의 필요성을 제기했습니다. 가이드라인이란 법률 이전 단계의 규정으로, 과학자들이 어디까지 연구를 해도 좋은가의 원칙을 정하는 것입니다. 이 회의에서 나온 보고서는 최초로 새로운 기술의 잠재적인 위험을 공식적으로 인정했고, 위험을 다루기 위한 원칙도 제시했습니다. 그 중 하나는 실험을 설계할 때 반드시 봉쇄가 이루어져야 한다는 것입니다. 다시 말해서 DNA가 재조합된 생물들이 실험실을 빠져나가 사람이 감염되거나 생태계에 영향을 미치는 일은 절대 없어야한다는 것이지요.

또한 이 회의에서 과학자들은 자신들의 연구가 낳을 위험을 고려하여 '자발적 유예'를 선언하고, 미국의 국립 보건원에 가이드라인의 형태로 연구에 대한 규율을 마련해 달라고 요구했습니다. 이는 전례를 찾을 수 없는 무척 특징적인 사례이지요. 연구자들이 유전자 재조합 DNA 실험의 위험 요소를 밝힐 때까지 스스로 연구를 중단하는 결정을 내리기란 쉬운 일이 아니기 때문입니다. 이후 2017년에 스티븐 호킹 등 세계적인 과학자와 인공지능 개발자들이 인공지능의 윤리 원칙을 수립하는 회의를 아실로마에서 연 것은 1975년의 아실로마 회의 정신을 다시 새기기 위한 것이었지요.

아실로마 회의가 열린 이듬해인 1976년에 미국의 케임브리지에 소재한 대학에 유전자 재조합 DNA 실험실이 들어온다는 소식이 들리자 그 위험성을 둘러싸고 대중 논쟁이 벌어지기도 했습니다. 매사추세츠주 케임브리지는 MIT와 하버드 대학교 등 명문 대학들이 많이 몰려 있는 곳으로 유명하지요. 논쟁은 하버드 대학교가 낡은 실험실 하나를 개조해서 P3 수준의 유전자 재조합 DNA 연구 시설을 만들려는 계획에서 시작되었습니다. P3는 총

4단계의 위험 분류 등급 중에서 세 번째 단계에 해당하는 '상당히 위험한' 수준입니다. 미국 국립 보건원 가이드라인에 따르면 P3는 일반인들의 접근을 막는 별도의 시설을 필요로 하며 접근 통제 복도, 에어 록, 이중문 장치에 더불어 시설 전체를 음압音壓 상태로 유지해서 외부 확산을 원천적으로 막는 물리적 봉쇄가 이루어집니다.

이 계획을 다룬 지역신문들의 보도가 케임브리지 시장의 주목을 끌었고, 그는 시의회 차원의 청문회를 소집했습니다. 이틀에 걸쳐 그 지역의 과학자들로부터 판단의 근거로 삼을 증언을 청취한 후, 시 의회는 투표를 통해 미국 국립 보건원이 P3로 분류한 모든 연구를 일시적으로 중지하도록 결정했습니다.

그리고 과학자가 아닌 일반 시민으로 구성된 케임브리지 실험심사위원회를 구성해서 무려 5개월 동안 전문가들과 치열한 토론을 벌였고, 마침내 미국 국립 보건원의 가이드라인에서 한걸음 더 나아간 안전조치를 추가한 권고안을 시 조례로 통과시키는 데 성공했습니다.

덕분에 처음으로 유전자 재조합 DNA 실험을 규제하는 입법 조치가 이뤄졌지요. 이는 과학기술에 일반 시민이 참여해서 바람직한 규율 방향을 정한 모범적인 사례가 되었답니다.

다음 그림은 당시 지역 잡지에 실린 만평을 재구성한 것으

로, 시민들이 유전자 재조합 기술에 대해 얼마나 큰 불안감을 가

지고 있었는지 잘 보여 줍니다.

당시 한 잡지에 실린 만평. P4 단계의 밀봉에도
불구하고 실험실에서 유전자조작 생물체가
유출되는 모습을 묘사하고 있다.

다이아몬드 대 차크라바티 소송

다이아몬드 대 차크라바티 소송Diamond vs. Chakrabarty은 1980년대 이후 생물 특허의 길을 열어 준 역사적 사건입니다. 제너럴 일렉트릭(GE) 소속 미생물학자 아난다 차크라바티가 1971년에 해양 유출 기름을 제거할 수 있도록 유전자가 조작된 미생물 특허를 출원한 것이 그 발단이었지요.

특허청은 "토스터나 테니스 라켓이라면 몰라도 생물은…"하며 미국 특허법상 생물은 특허의 대상이 되지 않는다는 이유로 기각했습니다. 그렇지만 차크라바티와 GE 연구소는 굽히지 않고 항소했고, 1980년에 연방대법원에서 5:4의 근소한 차이로 특허가 인정되었습니다. 당시 재판장인 워렌 버거는 "문제는 생물이냐 무생물이냐가 아니라 인간의 발명이냐 아니냐이다"라고 말하며 동식물에 대한 특허의 길을 열어 주었지요.

그리고 1987년에 특허청은 동물을 포함한 모든 다세포 유기체에 특허가 부여될 수 있다는 결정을 공포했으며 사람의 세포주, 조직, 기관을 비롯해서 배아와 태아도 특허 대상의 범주에 들어가게 되었습니다.

유전자조작 식품,
확실히 안전할까?

오늘날 기술과 관련해서 자주 등장하는 말은 '불확실성'입니다. 말을 그대로 풀이하면 확실하지 않다는 것이지요. 국어사전에도 불확실성은 "확실하지 아니한 성질, 또는 그런 상태"라고 나옵니다. 그런데 기술의 불확실성이란 무슨 뜻일까요? 평소 경제 전망이 불확실하다느니 정치에서 선거 결과가 불확실하다는 이야기는 자주 듣지만 과학이나 기술에 불확실하다는 말을 붙이면 왠지 어색한 느낌이 들지요.

하지만 과학과 기술에도 불확실성이 있습니다. 특히 이 장에서 다루는 유전자 재조합 식품이나 유전자 가위 기술과 같은 생명공학 기술은 생명 윤리나 안전을 둘러싼 민감한 쟁점들을 포함하기 때문에 '기술의 불확실성'이 매우 높다고 할 수 있지요.

앞에서 설명했듯이 유전자조작 생물에 대한 특허가 인정되면서 유전자 기술을 통해 유용한 생물을 얻으려는 시도가 많아졌습니다. 여러 생명공학 기업들이 유전자조작 곡물을 개발하는 데 집중적인 노력을 기울였습니다.

유전자 재조합 식품은 유전자 재조합 DNA 기술을 적용해서 처음 시장화에 성공한 생명공학의 산물인 만큼 큰 기대와 우려가

동시에 집중되었지요. 특히 유전자 재조합 식품은 생명 진화의 역사에서 한 번도 나타나지 않았던 유전적 조성을 가졌기 때문에 유전자조작 곡물과 이 곡물을 원료로 사용한 유전자조작 식품에 대해 시민들은 불안감을 품었습니다.

1994년에 최초의 유전자 재조합 토마토인 '플레이버 세이버'Flavor Savor가 시장에 출시되면서 유전자조작 식품은 순조로운 출발을 보이는 듯했지만, 유럽을 중심으로 한 강력한 반발에 부딪쳤습니다. 플레이버 세이버는 유전자를 조작해서 쉽게 무르지 않게 한 토마토입니다. 처음 등장했을 때 언론의 많은 관심을 받았지만 맛이 없는 탓에 판매에는 실패해 곧 시장에서 자취를 감추고 말았지요.

게다가 1990년대 후반부터 유전자 재조합 식품의 안정성을 둘러싸고 인체 및 생태계에 해로운 영향을 미칠 수 있다는 과학기술적 논쟁이 본격화되었습니다. 또 유전자 재조합 식품이 인류의 식량난을 해결할 수 있는지, 그리고 유전자조작 기술의 혜택이 정작 기아에 시달리는 저개발국에는 미치지 못하고 개발 당사자인 생명공학 기업들만 이익을 얻는 것에 대한 사회적 논쟁도 계속되고 있습니다.

유전자 재조합 식품을 정말 사람이 먹어도 안전한지가 무엇보다 큰 관심사이지요. 안전을 둘러싼 불확실성은 아직도 충분히 해소되지 못한 상황입니다. 영국에서는 유전자 재조합 식품을 '프

유전자 재조합 식품을 프랑켄슈타인의 괴물에 빗대어 풍자한 그림

랑켄푸드'Frankenfood라고 부르면서 불안감을 나타내기도 합니다. 프랑켄푸드란 '프랑켄슈타인 푸드'의 줄임말로, 메리 셸리의 SF 소설 《프랑켄슈타인》에서 프랑켄슈타인 박사가 여러 사체의 조각들을 모아 붙여 만든 괴물에 전기를 가해 생명을 불어넣은 이야기에서 따온 것이지요. 유전자 재조합 식품도 프랑켄슈타인처럼 유전자를 재조합해서 만들어진 생명체라는 점을 상기시켜 혐오감을 나타낸 것입니다.

푸스타이 박사의 유전자조작 감자와 쥐 실험

가장 먼저 유전자 재조합 식품의 인체 유해성 실험을 한 사람은 영국 로웨트 연구소의 과학자 아르파드 푸스타이 박사입니다. 그는 유전자조작 감자를 먹인 쥐의 면역 체계와 장기가 손상된다는 사실을 확인했습니다. 푸스타이 박사와 연구팀은 갈란투스 니발리스라는 식물에서 추출한 단백질인 렉틴Lectin을 삽입해서 해충에 저항성을 갖게 한 감자를 실험에 사용했습니다.

1998년에 푸스타이 박사는 언론과의 인터뷰에서 유전자조작 감자를 먹인 쥐의 창자와 면역 체계에서 이상이 관찰되었다고 발표했고, "나라면 그것을(유전자조작 감자) 먹지 않겠다"고 말했으며, "시민들을 실험용 쥐로 삼는 것은 매우 부당한 일이다"라고 덧붙였습니다. 그러자 엄청난 혼란이 뒤따랐습니다. 로웨트 연구소는 푸스타이 박사의 연구 결과가 언론에 대서특필되자 자랑스러워하던 것도 잠시, 사태의 심각성을 깨닫고는 푸스타이 박사의 연구를 중단시키고 퇴직을 종용했습니다. 그 후 푸스타이 박사는 연구 결과를 1999년에 학술지 〈랜싯〉에 게재했고, 여러 나라를 다니면서 유전자 재조합 식품의 위험성을 알렸지요.

세라리니 박사 팀의 유전자조작 옥수수 장기 독성 실험

또 하나의 사례는 프랑스의 세라리니 박사팀이 했던 연구입니다. 그는 비영리 단체인 '유전공학 연구와 독립적인 정보를 위한 협회'의 설립자이자 회장이었고, 그가 했던 연구 역시 협회의 자금 지원을 받았지요. 초국적 기업인 몬산토의 유전자 재조합 식품 안전성에 대한 단기(90일) 실험을 보고, 세라리니와 동료 연구자 8명은 좀더 확실하게 유전자조작 식품의 안전성을 확인할 장기 실험을 계획했습니다. 생명공학 기업들은 많은 시간과 비용이 들어가는 장기 실험을 꺼렸고, 몬산토도 마찬가지였지요. 특히 몬산토는 자신들이 개발한 비선택성 제초제인 '라운드업'Roundup에 저항성을 가진 품종인 '라운드업-레디'Roundup-ready를 개발했고, 이와 라운드업을 함께 판매해서 이익을 극대화했습니다.

이에 2012년, 세라리니 팀은 몬산토의 제초제 라운드업에 저항성을 가진 유전자조작 옥수수의 장기 독성 실험을 수행했습니다. 실험 결과, 암컷 쥐들에게 커다란 유방 종양이 발생했고, 수컷 쥐에서는 간의 울혈과 괴사가 대조군에 비해 2.5~5.5배나 높게 나타났다는 사실이 밝혀졌습니다.

이 결과가 발표되자 앞서 푸스타이 박사의 경우와 마찬가지로 많은 비판이 이어졌습니다. 비판은 주로 종양 연구를 위한 프로

토콜을 지키지 않았다는 점, 즉 실험에 쓴 동물의 숫자가 너무 적다는 것에 집중되었습니다. 그러나 세라리니 팀은 애당초 발암 연구가 아니라 장기 독성 연구를 한 것이고, 유전자조작 식품의 안전성 검사에 장기 연구가 필요하다는 것을 제기하려 했다고 반박했지요.

그 후 논문 철회에 대한 압박이 이어졌고 실제로 2014년에 논문이 철회되었습니다. 철회 이유는 역시 지나치게 적은 실험동물의 숫자였고요. 세라리니 팀은 몬산토가 지원했던 연구들도 비슷한 종류의 쥐를 사용했고 개체수도 비슷했지만 철회되지 않았다

프랑스 세라리니 팀이 실행한 유전자조작 옥수수의 장기 독성 실험의 결과로, 유전자조작 옥수수를 먹고 탁구공만 한 종양이 생긴 쥐의 모습

3장. 생명공학의 불확실성 다스리기

는 점을 들어 자신들에게 지나치게 가혹한 기준을 적용했다고 비판했습니다. 또 자신들의 논문 철회를 주장했던 사람들이 몬산토의 직원이었던 리처드 굿맨을 비롯해 생명공학 기업과 협력 관계에 있는 사람들임을 지적했습니다. 과학적인 비판이 아니라 사실상 산업계의 압력이었다는 주장이었지요.

푸스타이 박사와 세라리니 팀 사례 이후에도 유전자 재조합 식품의 안전성에 대한 진지한 연구는 이루어지지 않았습니다. 또한 이처럼 격렬한 논쟁이 벌어졌음에도 놀랍게도 푸스타이 박사 연구와 세라리니 팀의 연구를 다시 하려는 시도는 한 번도 없었습니다. 사안의 중요성에 비추어 본다면, 그리고 논쟁적인 과학 실험의 참-거짓을 가리기 위해 그 실험을 똑같이 재연하는 실험들이 이어졌던 과학계의 관행에 비추어 볼 때 이 실험들에 대한 후속 연구가 이루어지지 않았다는 점은 무척 기이하지요.

오늘날 과학의 지나친 상업화로 돈이 되는 연구에만 연구비가 집중되고 정작 유전자 재조합 식품의 인체 안전성이나 생태적 영향, 생명 윤리와 같은 공익적 연구가 이루어지기 힘든 상황이 참 쓸쓸하네요.

유전자조작 식품을 둘러싼
각국의 이해관계

오늘날에는 유전자 재조합 식품의 생산, 승인, 수출, 수입 등을 둘러싼 불안정한 환경 때문에 불확실성이 증폭되는 경향이 있습니다. 유전자조작 작물을 둘러싼 수입, 수출국의 이해관계가 저마다 다른 것이 근본적인 원인입니다.

그 대표적인 예가 바이오 안전성 의정서입니다. 생물 다양성 협약에 근거한 바이오 안전성 의정서는 캐나다 몬트리올에서 2000년에 채택되어 2003년 9월 11일에 발효되었습니다. 이 의정서는 사전 예방 원칙과 유전자 재조합 식품의 국가 간 이동에 관해 사전 통보 합의 절차 등을 정하고 있습니다. 우리나라를 비롯해 170여 개국이 가입했지만 문제는 정작 콩, 옥수수, 목화, 카놀라 등 유전자조작 곡물이 전체 재배 면적의 70퍼센트 이상을 차지하고 있는 미국, 캐나다, 아르헨티나, 호주 등이 의정서에 가입하지 않는다는 점입니다. 또한 의정서에 가입한 당사국 사이에서도 핵심 내용을 놓고 의견이 엇갈리고 있습니다. 의정서와 가장 밀접한 이해관계를 가지는 미국과 초국적 농업 생명공학 기업들의 전방위 로비도 당사국간 합의를 어렵게 만드는 중요한 요인이지요.

생명공학의 불확실성
줄여 나가기

지금까지 유전자 재조합 식품을 중심으로 생명공학에서 나타나는 불확실성이 어떤 것인지 살펴보았습니다. 앞에서도 이야기했듯이 생명공학은 직접 생명을 다루고 생명과 직결된 먹거리와 연관되었기 때문에 그 출발부터 많은 논란을 빚었지요. 그리고 과학이 지나치게 상업화되면서 생명공학 기업들이 소비자들의 안전보다는 자신들의 이윤 추구에 몰두하고, 유전자조작 곡물을 생산하는 나라들이 자국의 이해관계를 앞세워서 바이오 안전성에 대한 국제적인 협약을 외면하는 문제도 이러한 불확실성을 한층 높이고 있습니다.

유전자 재조합 식품은 아주 오래된 주제임에도 논쟁이 해결되지 못하고 우리에게 여전히 많은 쟁점을 던지고 있습니다. 그 쟁점들은 쉽게 종결될 기미를 보이지 않지요. 유전자 재조합 식품에 대한 부정적 인식이 강한 영국에서는 2003년에 정부가 나서서 6주에 걸쳐 수만 명이 참여한 대중 토론 'GM Nation?'을 열었습니다. 이 토론은 모두 세 단위로 진행되었습니다. 첫 번째는 전국 단위로 잉글랜드, 웨일스, 스코틀랜드, 북아일랜드에서 하나씩, 총 1천 명이 참여해서 진행되었으며 두 번째 단위는 지역 차원, 그리고 세 번째 단위는 지역 자원 단체 차원으로 총 2만 명 이상이 참여했습니다. 그렇지만 1년에 걸친 토론에도 일반 대중의 불안감을 해소하지 못했고, 전문가들 사이의 의견 차이도 좁히지 못했습니다. 그것은 이 주제를 둘러싼 이해 당사자들의 이해관계가 첨예하고, 유전자조작 기술을 둘러싼 불확실성이 매우 높으며, 시민사회가 유전자 재조합 식품의 안전성과 윤리성에 대해 많은 의문을 품고 있음에도 충분한 연구가 이루어지지 않기 때문이지요.

유전자 재조합 식품을 비롯한 생명공학의 불확실성을 줄이기 위해서는 전문가들뿐만 아니라 시민사회가 적극적으로 나서서 유전자 재조합 식품의 인체 유해성과 생태계에 미치는 영향에 대한 지속적 연구를 촉구하고, 앞으로 이 기술이 특정한 기업들의 이익을 위해 기여하는 것이 아니라 전 인류의 복지와 기아 문제 해결을 위한 방향으로 개발되도록 목소리를 내는 것이 필요합니다. 앞에서 언급한 영국의 'GM Nation?' 토론회가 그런 예입니다. 이런 토론을 통해서 힘들지만 중요한 쟁점들을 도출하고, 적극적으로 그 불확실성을 줄이기 위한 노력을 해 나가야겠지요.

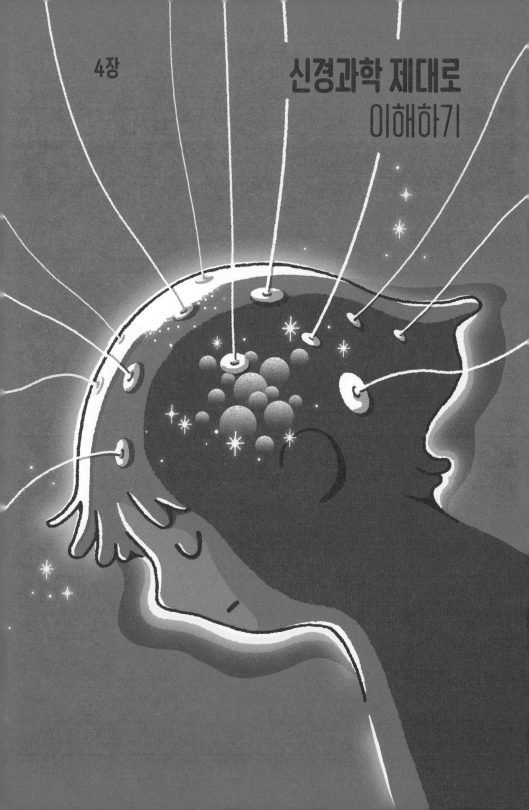

어
느새 신경 과학은 우리 주변 깊숙이 들어와 있습니다. 뇌 과학, 신경 과학이라는 이름표가 붙은 이론과 개념, 그리고 제품들이 우후죽순 늘어나면서 우리 주위에서 어렵지 않게 찾아볼 수 있지요. 인간을 비롯한 생물이 주위 세계를 인식하고 기억하면서 생명을 유지하고 관계를 맺고, 순간적으로 복잡한 의사결정을 내리는 과정을 과학적으로 이해하려는 시도라는 점에서 많은 사람의 관심을 끌고 있습니다. 제가 일반인이나 중고등학생을 대상으로 과학 강의를 할 때 많은 사람들이 미래에 가장 주목할 만한 기술 또는 자신이 진출하고 싶은 분야 중 하나로 꼽는 것이 신경 과학이기도 합니다.

1990년대는 인간의 유전자 지도를 작성하는 인간 게놈 프로젝트로 대표되는 생명공학의 시대였고, 동시에 뇌 과학의 시대이기도 했습니다. 미국은 이때 '뇌 연구 10년'Decade of the Brain을 선언하며 뇌 연구에서 얻는 혜택을 대중에게 알리는 노력을 했고, 많은 연구자들이 생물학 연구의 마지막 미개척지였던 인간의 뇌를 이해하고 뇌를 통해서 마음 자체를 이해하려는 시도를 시작했습니다. '뇌 연구 10년'이 끝나던 해에 열린 미국 신경 과학회의 연례 학술 회의에는 전 세계에서 무려 3만 5천 명의 참석자가 몰려왔습니다. 여기에는 대학이나 제약 회사의 연구소뿐 아니라 새로 창설된 신경 기술 기업들의 대표, 그리고 군 관련 연구자와 군수 업체 관련자들까지 다양한 사람들이 참가했습니다.

유럽도 뒤질세라 대규모 공동 연구 개발 프로그램인 EU 프레임워크 프로그램에서 유전체학과 나란히 최우선으로 연구비를 배정할 분야로 신경 과학을 점찍었지요. 영국의 〈미래 예측 보고서〉는 이 분야를 빠른 시일 내에 부를 창출할 수 있는 주요 성장 분야로 내다보았고요.

우리나라도 2007년에 교육과학기술부가 21세기 프런티어 연구 개발 사업의 일환으로 '뇌 기능 활용 및 뇌 질환 치료 기술 개발 연구 사업'을 시작했습니다. 앞서 1998년에는 '뇌 연구 촉진법'이 제정되었고, 2003년부터 '뇌 기능 프런티어' 사업이 시작되어 지금까지 계속되고 있지요.

신경 과학이 많은 사람들의 관심을 끄는 이유 중 하나는 앞에서 다루었듯이 최근 각광을 받고 있는 인공지능과 관계가 있기 때문입니다. 인공지능의 기본 원리인 인공 신경망이나 딥 러닝 같은 기법들이 바로 사람 뇌의 정보처리 과정을 모형으로 삼아 본뜨는 것이거든요. 신경 과학은 그 분류상 생물학의 한 분과로 볼 수 있지만 인공지능을 비롯해서 철학, 심리학, 컴퓨터 공학, 의학, 병리학 등 수많은 학문 분야와 떼려야 뗄 수 없는 밀접한 관계를 맺고 있습니다.

이처럼 신경 과학에 대한 기대가 높아지면서 다른 한편에서는 우려의 목소리도 커졌는데요. 신경 과학자 스티븐 로즈는 자칫 신경 과학에 대한 기대가 지나치게 커지면 거품이 형성되어 '신경 본질주의'Neuro essentialism가 팽배해질 것을 우려합니다. 신경본질주의란 인간의 정신 활동이나 마음 자체를 신경세포로 환원해서 설명할 수 있다는 생각을 말합니다. 실제로 DNA 이중나선 구조를 밝혀낸 프랜시스 크릭은 서슴없이 "우리는 뉴런(신경세포) 다발에 불과하다"고 말했지요.

오늘날 뇌 영상 촬영 기술이 크게 발달하고 뇌 연구와 신경 과학 연구에 많은 성과가 나타나면서 우리의 마음을 과학적으로 읽어 낼 수 있다는 믿음도 커졌습니다. 마음을 신경세포 또는 그 연결망으로 이해할 수 있을 뿐 아니라 인간의 본질 자체도 신경세포로 환원할 수 있다는 생각까지 팽배해졌지요. 그렇지만 많은 신경 과학자들은 아직도 우리가 정보를 처리하고 저장하는 방식에 대한 신경 과학의 이해는 걸음마 수준에 불과하며, 이제 막 첫 발을 떼어 놓았을 뿐이라고 지적합니다.

이렇게 충분한 연구가 이루어지지 못한 상태에서 신경 과학의 결과물을 성급하게 제품화하거나 교육을 비롯한 정책에 적용시키려는 움직임도 문제입니다. 이러한 경향을 '신경 과학 열광주의'라고 부르지요. 유럽과 미국뿐 아니라 우리나라에서도 최근 신경 과학 열광주의가 나타나면서 뇌파나 뇌전도를 이용해서 집중력을 향상시켜 학습 능력을 높인다는 제품들이 여럿 출시되고 있습니다. 여러분도 한번쯤은 들어 보았을 것 같네요.

의약 분야로 눈을 돌려 보면 이른바 똑똑해지는 약, 공부 잘하는 약이라는 이름으로 리탈린이나 모다피닐 같은 약물들이 수험생과 대학생, 직장인들 사이에서 널리 사용되고 있지요. 이런 신경 약물은 2차 세계대전부터 전투기 조종사를 비롯한 병사들의 주의력을 높이기 위해 사용되었답니다. 원래 주의력 결핍 과잉 행동 장애 ADHD나 수면 장애 치료제로 개발되었던 약품들이 과정보다 성과를 중시하는 사회 풍토에 편승하면서 남용되고 있는 것입니다.

이 장에서 우리는 신경 과학을 둘러싼 지나친 거품을 걷어내고, 실제 성과와 그 가능성을 추려 내면서, 신경 과학이 우리에게 가져다 줄 가능성과 함께 신경 과학기술의 발달로 야기될 수 있는 철학적·윤리적 그리고 사회적 문제점이 무엇인지 찬찬히 살펴보도록 하겠습니다.

신경 과학,
뇌를 측정하다

우선 신경 과학이라는 명칭을 사용하는 이유부터 이야기해 볼게요. 흔히 언론이나 대중 과학서에서는 뇌 과학이라는 말을 더 많이 사용하는데, 이 용어는 자칫 인간의 정신 활동이나 마음이 오로지 뇌에서만 일어난다는 생각을 부추길 수 있습니다. 최근 연구 결과에 따르면, 뇌는 정신 활동의 가장 중요한 기관이지만 우리의 정신 작용이 오로지 뇌에서만 이루어지는 것이 아니며 면역계, 운동계, 내분비계, 소화계 등 신체의 여러 계와 복합적으로 상호작용한 결과임이 밝혀졌지요. 따라서 우리 마음은 뇌로 환원할 수 없습니다. 학문적으로도 뇌 과학보다 신경 과학이라는 용어가 더 넓은 범위를 포괄합니다. 뇌는 중추신경계의 일부일 뿐이지요.

최근 신경 과학이 크게 발전할 수 있었던 배경에는 fMRI로 불리는 기능적 자기 공명 영상 촬영 기술이 있습니다. fMRI는 뇌의 일부 영역에서 산소가 풍부한 혈류를 측정하는 기술입니다. 활성화된 뇌 영역에 산소가 공급되면서 나타나는 헤모글로빈 구조 변화를 감지하여 뇌 활동을 측정하는 것이지요. 성인 뇌의 무게는 평균 1500그램 정도로 작은 부분에 불과하지만, 몸 에너지의 20퍼센트 이상을 사용합니다. 그만큼 중요한 활동을 하는 셈이지요. 이

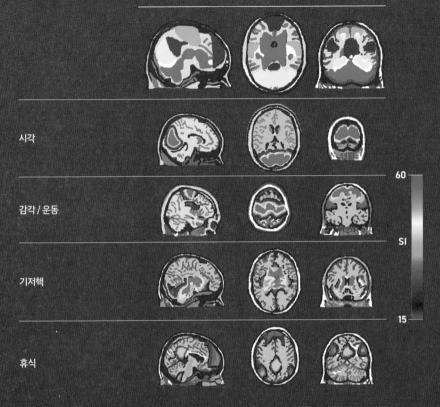

감각 / 운동

기저핵

휴식

60

SI

15

뇌 여러 영역의 헤모글로빈 변화를 보여 주는 fMRI 사진

렇게 많은 에너지가 사용되려면 산소가 필요합니다.

　위 그림은 뇌의 어떤 영역이 활성화되는지를 이른바 '산소 포
화 헤모글로빈'Oxyhemoglobin의 상대적 변화로 측정한 결과입니다.
맨 아래쪽은 특별한 활동이 없는 뇌의 모습이고, 위쪽 그림처럼 뇌
의 뒤쪽 부분에서 산소 포화 헤모글로빈의 농도가 높아지면 시각

활동이 활발하다는 뜻입니다. 또한 감각이나 운동과 연관된 활동을 하면 뇌의 위쪽이 활성화되지요. 촬영을 통해서 뇌의 어떤 부분에서 이런 기능이 이루어지는지 알 수 있는 것입니다. 물론 뇌의 색깔이 실제로 이렇게 바뀌는 것은 아니에요. 이해를 돕기 위해 색으로 표시를 한 것이랍니다.

최근에는 뇌파라 불리는 '뇌파도'를 이용해서 뇌의 활동을 연구하고 있는데요. 뇌전증(간질)을 비롯해서 그동안 치료가 어려웠던 여러 뇌 질환을 치료하려는 시도가 활발하게 일어나고 있습니다. 뇌파는 뇌에서 나오는 전기신호로, 독일 생리학자 한스 베르거가 1920년대에 처음 발견했습니다. 뇌파에는 여러 가지 종류가 있지요. 얕은 수면 중에는 세타파, 깊은 수면을 취할 때는 델타파가

여러 가지 뇌파를 측정한 그래프. 뇌파의 모양으로 수면 상태를 구분할 수 있다.

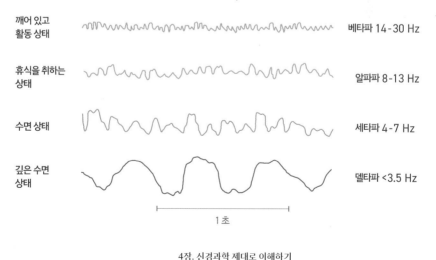

깨어 있고
활동 상태   베타파 14-30 Hz

휴식을 취하는
상태   알파파 8-13 Hz

수면 상태   세타파 4-7 Hz

깊은 수면
상태   델타파 <3.5 Hz

1초

4장. 신경과학 제대로 이해하기

나오고, 깨어 있으면서 여러 가지 활동을 할 때는 베타파, 그리고 휴식을 취할 때는 알파파가 나옵니다. 뇌파는 신경 신호가 전달되는 과정에서 나타나는 부산물일 뿐입니다. 그래서 뇌파로 뇌의 활동을 모두 알 수는 없습니다. 신경세포는 전기신호 이외에도 신경 전달물질이라 불리는 화학적 물질을 통해서 다양한 방식으로 신호를 전달하지요.

뇌파를 측정하게 되면서 뇌의 기능 연구에 큰 진전을 이룬 것만큼은 사실입니다. 최근 BCI(뇌-컴퓨터-인터페이스), BMI(뇌-기계-인터페이스) 등에 대한 연구가 활성화된 것도 그 결과랍니다.

인간의 뇌를
컴퓨터에 연결한다고?

fMRI와 뇌파 측정은 뇌의 활동을 측정 가능한 영역으로 끌어들였다는 점에서 신경 과학이 상당한 진전을 이루는 데 있어 중요한 요소입니다. 앞서 말했듯 뇌파만으로 신경세포의 활동을 모두 이해할 수 있는 것은 아니지만, 컴퓨터 기술의

비약적 발전으로 뇌파를 이용해서 두뇌의 활동을 이해하고 나아가 뇌에 전류를 흘리거나 자기장을 형성해서 자극하는 기술까지 발전하게 되었습니다.

앞서 언급한 BCI 또는 BMI가 이러한 기술입니다. SF 영화에서는 오래전부터 사람의 뇌에 컴퓨터를 바로 연결시키는 것을 중요한 주제로 다루었습니다. 〈매트릭스〉, 〈공각기동대〉 같은 영화

뇌파를 이용해서 손을 쓰지 않고 컴퓨터 게임을 즐기는 모습. 여기에 사용한 BCI는 비침습식 기술에 해당한다.

에서 이러한 모티프가 핵심적으로 다뤄지면서 두뇌의 정보처리 능력이 비약적으로 증대할 수 있다는 상상을 부채질하지요.

아직까지 영화에서 나오는 수준에 도달하지는 못했지만, 사람의 뇌파를 읽어 내서 직접 컴퓨터나 로봇 팔에 명령을 전달하는 기술은 상당한 진전을 보이고 있습니다. 뇌에서 나오는 미약한 신호를 컴퓨터를 통해 증폭하고 해석해서 키보드나 마우스 같은 입력장치 없이도 컴퓨터 게임을 즐기고, 드론을 조종하고, 로봇을 움직이는 명령을 내릴 수 있게 되었지요.

최근 BCI 기술에 대한 소개를 읽다 보면 침습식Invasive 뇌파 측정 방식 또는 비침습식Non-Invasive 뇌파 측정 방식이라는 말이 자주 눈에 띕니다. 두개골 속으로 전극을 삽입하는 방법이 침습식 기술이고 머리에 밴드나 두건을 써서 두피를 통해 뇌파를 인식하는 기술이 비침습식 기술입니다. 같은 기술이지만 외과 수술 여부에서 차이가 있는 셈이지요.

두 방법은 각기 장단점이 있습니다. 침습식 방법을 사용하면 훨씬 강한 세기의 뇌파를 수신할 수 있고 전극을 통해 정확한 부위에 전기 자극을 가할 수 있어서 그 효과가 확실하지요. 반면 두개골에 구멍을 뚫는 외과 수술이 필수적이기 때문에 그에 따른 위험 부담이 있고 윤리적 논란이 제기될 수 있습니다. 그에 비해서 비침습식 방법은 외과 수술이 필요하지 않고, 뇌에 전극을 삽입한다는 윤리적 문제에서 자유로운 것이 장점입니다. 반면 간접적으로 뇌파를 인식해야 하고 치료 효과가 상대적으로 약하고 부정확할 수 있지요.

비침습식 기술을 이용하는 사례로는 다양한 뇌파 측정 기기나 명상 보조 기구가 있습니다. 우리나라에 비침습식 기술을 이용한 특허도 벌써 수백 건이 등록되어 있지요. 비침습식 방법을 이용하는 웨어러블Wearable 기기들은 헤드셋이나 헬멧처럼 머리에 쓰는 장치, 넥 밴드처럼 목에 거는 장치나 머리핀 등 다양한 형태로 출시됩니다. 다음 그림은 캐나다의 인터랙슨사가 개발한 뮤즈Muse라는 두뇌 감지 헤어밴드입니다. 제품 소개를

두뇌 감지 헤어밴드 '뮤즈'를 착용한 모습

보면 앞쪽에 있는 센서 3개와 좌우의 전극 2개를 통해 뇌파를 측정해서 명상을 하거나 뇌를 훈련할 수 있는 보조 장치라고 되어 있답니다. 아직까지 이런 장치들은 의료 기기가 아닌 마음을 안정시키는 명상 보조 기기 정도로 취급되고 있지요.

침습식 기술을 이용하는 경우는 환자의 동의, 즉 '충분한 정보에 기반한 동의'Informed Consent가 필수입니다. 외과 수술로 두개골에 구멍을 뚫고 전극을 심는 과정에서 환자에게 상당한 위험을 초래할 수 있고, 사람 머리에 칩을 심는다는 것은 윤리적으로도 많은 문제가 될 수 있기 때문에 환자에게 충분히 설명하고 동의를 얻어야 하는 것이지요. 이런 문제 때문에 중증의 뇌 질환을 치료할 때 최후의 수단으로만 이 기술을 사용하도록 엄격히 제한하고 있습니다.

머리에 칩을
심는다면?

2018년 10월에 가톨릭관동 대학교의 한 연구팀은 붉은털원숭이의 대뇌피질 안쪽에 가로·세로 4밀리미터 크기의 미세 전극

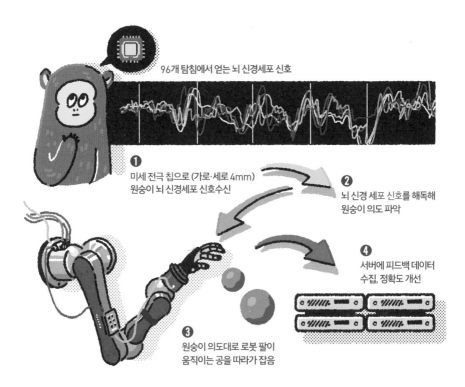

96개 탐침에서 얻는 뇌 신경세포 신호

❶ 미세 전극 칩으로 (가로·세로 4mm)
원숭이 뇌 신경세포 신호수신

❷ 뇌 신경 세포 신호를 해독해
원숭이 의도 파악

❸ 원숭이 의도대로 로봇 팔이
움직이는 공을 따라가 잡음

❹ 서버에 피드백 데이터
수집, 정확도 개선

원숭이 뇌 신호로 로봇 팔을 작동시키는 원리

칩 2개를 심는 실험을 했습니다. 세계에서 두 번째로 성공한 실험
이었지요. 각 칩에는 뇌 신경세포의 신호를 읽을 수 있는 96개의
탐침이 있었는데, 칩 하나는 원숭이의 뇌파를 읽어 내기 위한 것이
고, 다른 하나는 로봇 팔에서 나오는 정보를 다시 원숭이의 뇌로 보
내기 위한 것입니다.

　팔을 움직이지 못하게 묶어 놓은 원숭이는 눈앞의 공을 응시
하고 있었습니다. 그리고 원숭이 앞에는 뇌에서 나오는 신호에 따

라 움직이도록 프로그래밍되어 있는 로봇 팔이 있었지요. 7~8초마다 무작위로 공의 위치가 바꼈는데, 로봇 팔은 묶여 있는 원숭이의 팔을 대신해 공을 따라가서 잡았습니다. 이 실험이 바로 침습식 BCI 기술 사례에 해당합니다. 연구 책임자인 손정우 교수는 사지마비 환자들에게 평범한 일상을 돌려주고 삶의 질을 높일 수 있는 재활 기술이라고 설명했습니다.

침습식 BCI 기술은 아직 초보 단계로 주로 원숭이 같은 동물을 통해 연구하고 있지만, 뇌전증이나 파킨슨병과 같은 질환을 치료하는 뇌 심부 자극술은 이미 사람을 대상으로 이루어지고 있습니다. 전설적인 권투 선수 무하마드 알리가 걸렸던 파킨슨병은 근육의 떨림, 강직, 그리고 느린 몸동작과 같은 운동장애가 나타나는 신경 퇴행성 질환입니다. 파킨슨병은 대개 나이가 많은 사람에게서 나타나지만 젊은 환자들도 있으며, 약물 치료나 수술로는 충분한 치료 효과를 얻을 수 없습니다. 이처럼 다른 치료가 불가능하다면, 뇌 속에 있는 시상하핵이라는 곳에 전극을 심는 신경 조절 기술을 통해 치료 효과를 얻을 수 있습니다. 시상하핵은 길이가 6밀리미터에 불과한 아몬드 모양이며, 운동이나 감각 등 여러 가지 기능에 관여하는 부분이기 때문에 매우 정밀한 수술이 필요하지요.

그럼 어떤 과정으로 치료하는 것일까요? 가슴의 피부 아래에 심어 놓은 배터리와 전기 자극을 일으키는 박동기의 미세한 전류가 연결선을 통해 지속적으로 흘러 파킨슨병 증상을 호전시킵니다. 강남세브란스 병원의 뇌 심부 자극술 치료 설명에 따르면, 이 기술은 1997년부터 외국에서 상용화되었고 국내에서도 2000년부터 시술에 성공했다고 합니다. 이 치료를 통해 파킨슨병 증상이 약 30~60퍼센트까지 호전되며, 복용하던 약을 평균 50퍼센트나 줄일 수 있다고 하니 상당한 치료 효과임은 확실하네요.

2020년 2월에는 일론 머스크가 자신의 회사 뉴럴링크에서 사람의 뇌에 섬유 전극을 연결해 뇌졸중이나 선천적 질환으로 손상된 뇌를 치료하는 연구를 수행하겠다고 발표해서 화제가 되기도 했지요.

여기에서 한발 더 나아가 2021년 4월, 브레인게이트 연구팀이 뇌파 신호를 외부 장치를 구동하는 컴퓨터와 연결하는 케이블이 없는 무선 BCI를 사람에게 시연하는 데 성공했습니다. 뉴럴링크의 BCI와 유사하지만 인간에게 적용한 최초의 장치라는 점에서 유의미하지요. 척추 손상으로 사지가

마비된 사람이 무선 송신기가 장착된 브레인게이트 시스템으로 태블릿 PC와 문자 입력까지 해냈다고 합니다. 무선 시스템으로 장비에 얽매이지 않고 언제 어디에서나 BCI를 사용할 수 있게 된 것입니다. 과학 기술이 신체의 불편함을 극복하게 도와주는 좋은 예라고 볼 수 있겠지요?

뇌를 둘러싼
잘못된 속설들

이처럼 신경 과학에서 많은 진전이 이루어지고 있지만, 아직도 뇌에 대한 잘못된 믿음들이 존재합니다. 이미 오류로 판명된 과거의 연구 결과가 그대로 전해지거나 최근 신경 과학을 소재로 한 SF 영화들에서 등장하는 허구적인 이론이 사실로 인식되는 것이지요.

우리가 뇌를 100퍼센트 활용하지 못하고 있으며 아인슈타인과 같은 천재 과학자들도 10퍼센트 정도만 사용했다는 속설은 여러분도 한번쯤 들어 보았을 겁니다. 2014년에 개봉한 뤽 베송 감독의 영화 〈루시〉는 잘못된 속설을 부추기는 대표적인 예인데요. 우리나라의 유명 배우가 출연해서 국내에서도 큰 화제가 되었지요. 이 영화에서는 주인공인 루시가 본의 아니게 주입당한 신경 약물로 인해 뇌를 100퍼센트 사용하게 되어 초능력을 얻는 과정을 허구적으로 그리고 있습니다.

그렇지만 과학적 근거가 전혀 없는 이 생각은 사람의 뇌가 무한한 잠재력을 가질 수 있다는 소박한 믿음에서 비롯된 것입니다. 뇌의 능력을 몇 퍼센트 정도 활용할 수 있다는 생각 자체가 우리의 정신적 능력을 컴퓨터의 중앙 연산장치CPU 성능이나 저장 용량에 단순 비교하는 것입니다. 흔히 뇌의 정보처리 과정을 컴퓨터에 비유하지만 우리의 뇌와 컴퓨터는 작동 방식이 전혀 달라서 컴퓨터의 연산 기능이나 정보 저장 능력과 비교할 수 없을 뿐더러, 사람의

브로카가 실시했던
두개골 크기 측정 방법

뇌가 주위 세계를 인식하고 내리는 의사결정 방식에 대한 우리의 이해도는 초보 수준에 불과합니다.

사실 우리는 일상 활동에서 뇌를 충분히 활용하고 있습니다. 우리가 매일 주위 환경을 보고 듣고 느끼는 감각, 무수한 상황 속에서 거의 즉각적으로 내리는 의사결정, 신체의 많은 부분들을 움직이는 운동이나 노동, 학습이나 업무를 수행하면서 많은 정보를 기억하고 처리하는 과정은 엄청난 일입니다. 거의 매순간 뇌를 비롯한 중추신경계는 소화, 운동, 면역 등 우리 몸의 다른 시스템들과 유기적으로 상호작용하면서 놀라운 속도로 모든 일을 처리해 나가지요. 실제로 fMRI와 같은 장치로 뇌의 활동을 측정해 보면 일상적인 일을 할 때에도 뇌의 여러 영역들이 활성화되며, 심지어 잠을 잘 때도 다양한 부분들이 일하고 있다는 것을 알 수 있습니다.

다음으로 뇌의 크기가 클수록 머리가 좋다는 속설은 아주 오래 전부터 이어져 왔는데요. 19세기 유럽의 우생학자들은 백인이 유색인종보다 우월하고 남성이 여성보다 머리가 좋다는 주장을 뒷받침하기 위해 두개골을 측정했습니다. 두뇌 용량으로 인종주의와 성차별주의를 정당화하려는 시도였지요. 인종학의 대가였던 폴 브로카는 이렇게 말했습니다. "일반적으로 뇌는 노인보다 장년에 달한 어른이, 여성보다 남성이, 보통 능력을 가진 사람보다 걸출한 사람이, 열등한 인종보다 우수한 인종이 더 크다. 다른 조건이 같으면

지능의 발달과 뇌 용량 사이에는 현저한 상관관계가 존재한다." 하지만 이는 전혀 과학적 근거가 없다는 점이 밝혀졌습니다. 정말 뇌의 크기가 클수록 지능이 높다면 가장 지능이 높은 동물은 코끼리나 고래겠지요.

극히 최근까지도 이런 생각은 일반인은 물론 의학자나 생물학자들 사이에도 남아있었습니다. 천재 과학자 아인슈타인의 뇌가 일반인과 다를 것이라는 믿음이 그런 예에 해당하지요. 실제로 독일의 병리학자 토머스 하비는 1955년에 아인슈타인이 세상을 떠나자 몰래 뇌를 훔쳐서 천재성의 비밀을 알아내려고 하여 세상을 떠들썩하게 만들었지요. 연구 결과는 어땠을까요? 예상과 달리 뇌의 크기는 일반인과 비슷했고 그 외에도 보통의 뇌와 큰 차이점을 알아낼 수 없었습니다. 세기의 천재라도 뇌 자체는 보통 사람과 다를 바 없었던 겁니다.

그 밖에 뇌를 둘러싼 속설로 좌뇌와 우뇌의 차이에 대한 과도한 해석을 들 수 있습니다. 좌뇌형 인간과 우뇌형 인간으로 사람을 분류하는 이야기를 흔히 들어 보았을 것입니다. 대개 좌뇌는 수학적 계산이나 추론 등 이성적 작용과 연관되고, 우뇌는 예술이나 직관 등의 기능에 뛰어나다는 이야기지요. 전혀 근거 없는 주장은 아닙니다.

이 주장의 뿌리는 19세기까지 거슬러 올라가는데요. 앞에서 이야기했던 폴 브로카 박사는 19세기 말에 뇌의 좌측 전두엽에 언어 기능을 담당하는 이른바 '브로카 영역'이 있다는 사실을 밝혀냈습니다. 그 후 독일의 신경정신과 의사 칼 베르니케도 뇌의 좌반구에서 언어 정보를 처리하는 베르니케 영역을 발견했습니다. 그리고 1970년대에 로저 스페리 박사는 뇌가 2개의 반구로 이루어져 있고, 왼쪽과 오른쪽 뇌가 '뇌량'이라는 신경 다발로 연결되어 있다는 것을 밝혀냈지요.

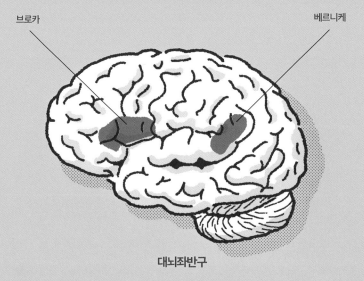

브로카 영역과 베르니케 영역

이런 과정에서 뇌의 좌반구와 우반구의 기능이 다르다는 생각이 크게 과장되었습니다. 최근 연구 결과에 따르면 뇌의 여러 곳에 시각 정보나 청각 정보 등 특정한 기능을 담당하는 영역이 있지만 그 기능이 완전히 나뉘어 있는 것은 아니며, 언어 처리도 좌반구뿐 아니라 우반구 뇌에서도 함께 이루어진다는 사실을 확인했습니다. 좌반구와 우반구는 물론이고 뇌를 비롯한 신경계와 몸의 다른 기능을 관장하는 면역계, 소화계, 순환계, 운동계 등이 모두 밀접하게 연관되어 고도의 정신적인 활동을 수행하고 있는 것이지요.

증강이나 치료냐,
신경 과학의 윤리적 쟁점

신경 과학이 발달하면서 어디까지를 '치료'로 보고 어디부터를 '증강' 또는 '향상'으로 볼 것인가의 윤리적 문제가 제기되고 있습니다. 증강이나 향상은 치료의 범위를 넘어서 사람의 능력을 일반적인 수준보다 더 높이는 것을 뜻합니다. 인간 향상에 과학기술을 적용하는 문제는 비단 신경 과학뿐 아니라 다양한 과학 분야에서 항상 윤리적·사회적 논쟁의 대상이었지요. 기술을 사용할 수 있는 사람과 그렇지 못한 사람 사이에서 불평등이 심화되는 문제가 나타날 수 있으니까요.

앞에서 예로 든 집중력 강화 웨어러블 기기를 이용해서 시험 공부를 효과적으로 할 수 있다면, 값비싼 기기를 구입할 경제적 여유가 있는 사람에 비해 그렇지 못한 사람들이 불이익을 당할 수 있겠지요. 출발선이 다른 경주를 하는 셈이어서 공정한 경쟁이라는 우리 사회의 암묵적 합의를 벗어나는 것이니까요. 스포츠 분야에서 약물 사용을 철저히 금하는 것도 같은 이유입니다.

그렇지만 치료와 향상의 경계가 항상 뚜렷한 것은 아닙니다. 앞에서 언급한 뇌 심부 자극술을 통한 파킨슨병 치료는 누가 봐도 분명한 치료지만, 최근에 등장한 여러 가지 웨어러블 기기나 신경 약물은 그 경계가 모호하지요.

전통적인 윤리계는 치료와 향상의 논쟁에서 '치료에 국한'해야 한다는 입장을 고수합니다. 인간에게는 기술이 침범할 수 없는 고유한 영역, 즉 인간만이 가지는 '본질'이 존재하며 그것을 지켜야 한다는 것이지요. 책 〈정의란 무엇인가〉의 저자인 마이클 샌델이 이러한 입장을 가진 대표적인 학자입니다. 그는 치료를 넘어선 향상이 인간의 노력과 주체성을 훼손할 뿐 아니라, 우리의 목적과 욕구를 충족시키기 위해 인간 본성을 비롯한 자연을 개조하려는 프로메테우스적 열망을 대표한다고 주장합니다. 이러한 태도는 인간의 능력과 성취가 우리 각자에게 주어진 선물이라는 관점을 놓칠 뿐 아니라 파괴할 수도 있다고도 했지요. 샌델을 비롯한 전통적인 윤리학자들의 입장은 우리가 가진 능력이 각자 다르다는 다양성을 인정하고 자신의 능력을 주어진 선물로 받아들이는 것이 바람직하기에 기술을 이용해서 인위적으로 자신의 능력을 향상시키는 것을 지양하자는 것입니다.

기술로 인간을
업그레이드할 수 있게 될까?

한편 생명공학과 나노 기술, 인공지능, 신경 과학 등 신기술의 발전에 힘입어 '트랜스 휴먼'Trans-human에 대한 논의가 활발한데요. 과학기술을 이용해서 치료의 수준을 넘어 사람의 능력을 높이려는 시도를 긍정적으로 보는 관점이 강력하게 대두하고 있습니다. 레이 커즈와일 같은 미래학자들이 이 새로운 기술들의 발달을 과도하게 평가하면서, 미래에는 지금까지의 인간과 다른 존재인 '트랜스 휴먼'이 탄생한다는 주장이 근거 없이 남발되고 있지요. 언론은 이를 더욱 증폭시켜 일반인은 물론이고 인문 사회학자들까지 압도되고 있습니다.

커즈와일은 저서 〈특이점이 온다〉에서 2045년이 되면 기계의 지능이 인간의 지능을 넘어서게 될 것이라고 예언했습니다. '특이점'은 물리학에서 사용하는 개념으로, 급격한 변화가 일어나는 변곡점을 뜻하지요. 그러나 이 주장은 과학석 근서보다는 단순히 기술 발달을 중심으로 미래를 예단하는 시나리오에 불과하다는 것이 많은 과학자들의 의견입니다. 앞서 인공지능을 다룬 장에서도 언급했지만 사람 지능에 대한 이해도 아직 충분히 이루어지지 않은 상태에서 사람의 수준을 뛰어넘는 초지능이나 트랜스 휴먼에 대한 논의는 오히려 거품을 낳아 혼란을 초래할 가능성이 높으니까요.

그런데 과학기술을 몸에 결합하는 것이 현실로 구체화된 사례도 있습니다. 패럴림픽에서 큰 화제를 불러일으킨 남아공의 육상 선수 오스카 피스토리우스가 그 주인공이지요. 피스토리우스는 선천적 장애로 어린 시절에 두 다리를 절단하는 수술을 받았고, 그후 탄소 섬유 소재로 된 의족을 달고 육상경기에 출전해서 '의족 스프린터'로 유명세를 타기 시작했습니다. 칼날 같은 곡선 모양의 의족이 전사의 이미지를 떠올리게 해 '블레이드 러너'Blade Runner라는 별명을 얻기도 했지요.

그가 단 의족은 치타의 운동 능력을 본떠 만든 '플렉스-풋 치타'Flex-Foot Cheetah로, 일반 육상 선수의 다리에 비해 무게가 덜 나가고 마찰력이 적어 뛰어난 기록을 낼 수 있었습니다. 이 때문에 그가 달성한 기록이 과연 '인간의 승리'인지 '기계의 승리'인지를 두

의족을 차고 달리는 오스카 피스토리우스

고 논란이 생겼습니다. 그는 2008년 베이징 패럴림픽에 참가해 100미터, 200미터, 400미터 경기에서 세계신기록을 세웠고, 2011년에는 일반 육상 대회인 대구 세계 육상 선수권 대회에서 1600미터 계주로 은메달을 따냈습니다.

그러자 세계 선수권과 하계 올림픽 측에서 그의 출전을 거부했습니다. 장애 때문이 아니라 그의 의족이 다른 경쟁자들에 비해 우월한 능력을 발휘하게 하는 인공물이라는 점 때문입니다. 처음에는 장애를 치료하기 위한 수단으로 의족을 달았지만, 새로운 소재의 발달로 비장애인보다 훨씬 빠른 속도로 달릴 수 있게 된 셈이니까요. 이처럼 과학기술이 빠르게 발달하면서 갈수록 치료와 향상의 경계는 흐려지고 있습니다.

모두에게 기술이
가닿는 사회를 위해

앞에서 설명한 오스카 피스토리우스의 의족과 신경 약물 사례는 신경 과학기술의 발달이 초래할 수 있는 사회적 문제점을 잘 보여줍니다. 가장 대표적인 문제로 '접근 격차'를 들 수 있는데요. 새로운 기술에 접근하는 것에도 격차가 생긴다는 뜻입니다. 경제적 여유가 있는 기존의 사회적 상위 계층이 기술에도 가장 먼저 접근할 수밖에 없겠지요? 결과적으로는 다른 계층과의 격차가 더욱 벌어질 것입니다. 역설적이게도 신경 과학기술이 발달하면서 사회적 불평등은 더욱 심화될 수 있는 것이지요. 물론 시간이 흘러서 신경 과학기술의 비용이 내려가면 많은 사람이 혜택을 볼 수 있겠지만, 그동안 일부 계층에 혜택이 집중되고 다른 계층의 사람들은 그 혜택을 보지 못하는 '지연'의 문제가 나타날 수 있습니다.

또한 신경 과학에 대한 기대가 지나치면 새로운 우생학이 나타날 수 있습니다. 우생학은 19세기에 다윈의 사촌 프랜시스 갈톤이 처음 주장했지요. 사람의 생물학적 특성을 토대로 우월한 인간과 열등한 인간으로 나누어서 인종 개량을 주장한 이론입니다. 이런 우생학은 노예제와 성차별을 정당화하고 범죄자나 빈민들의 생식 능력을 없애는 등 많은 문제를 낳았습니다. 우생학은 아직도 사라지지 않고 신경 과학 등 최신 과학에서도 나타나고 있습니다.

신경 과학기술을 이용해서 인간의 능력을 발전시킬 수 있다면 여러분은 어떤 능력을 가지고 싶나요? 이는 우리가 생각하는 이상적인 인간형과도 연결됩니다. 보통 사람들은 그 능력으로 막연하게 키가 더 자라는 것, 지능이 높아지는 것을 생각할 수도 있겠지요. 하지만 우리는 은연중에 기존 사회의 지배 계층을 이상적인 모습으로 여기고 있습니다. 앞에서 언급했던 일론 머스크는 영화 〈아이언맨〉의 실제 모델이라고 합니다. 영화의 주인공은 백만장자에 뛰어난 과학자로, 그야말로 모든 사람들이 부러워할 요소들을 두루 갖췄지요.

치료가 아닌 인간의 '증강' 또는 '강화'가 문제가 되는 지점이 바로 이러한 우생학적 경향입니다. 사람들은 알게 모르게 증강이나 강화의 방향으로 우리 사회에 깊이 내재된 지배적인 이념형을 지향합니다. 거기에는 역사, 사회, 문화 등 많은 요인들이 작용하지요. 그렇지만 모든 사람들이 슈퍼 히어로가 될 수는 없습니다. 더군다나 아이언맨은 백인, 남성, 그리고 백만장자입니다. 우리 사회를 떠받치는 것은 이런 소수의 사람들뿐 아니라 묵묵히 자신의 자리에서 맡은 일을 수행하는 보통 사람들입니다.

인류의 역사를 돌아보면 이런 이상형을 꿈꾸는 과정에서 불행한 일들이 일어났습니다. 새로운 기술이 등장할 때마다 우리가 우려해야 할 것은 신기술이 사회의 불평등을 더욱 심화시키거나 우생학적 경향성을 강화하지 않도록 힘쓰는 것입니다.

지금까지 살펴보았듯이 신경 과학은 뜨거운 이슈이자 우려의 대상이기도 합니다. 신경 과학은 우리의 마음과 의식, 지능을 이해하는 첫걸음을 이제 막 떼어 놓았을 뿐입니다. 아직까지 통일된 이론을 갖추고 있지 않으며, 여러 분야에서 이루어진 연구 결과를 토대로 과학자들이 조금씩 자신의 분야에서 성과를 올리고 있는 중이지요.

앞으로 이 분야에서 파생될 시장의 규모가 엄청나다보니, 윤리나 안전 같은 문제들은 뒷전으로 밀려나고 불완전한 제품들이 쏟아져 나올 가능성이 높습니다. 우리나라를 비롯해 각국 정부들이 저마다 신경 과학을 경제 발전의 핵심 분야로 선정하고 집중적인 지원을 하고 있기 때문에 신경 과학에 대한 거품이 더욱 커질 수 있습니다.

게다가 영국을 비롯한 일부 나라들은 신경 과학의 발견을 교육정책에 도입해 수업시간을 조정하거나 간격 학습 같은 새로운 교육 관행들을 적용하려고 시도하는 바람에 지나치게 성급한 처사라는 비판을 받고 있지요. 그 밖에도 태아가 자궁 속에서 모차르트의 음악 같은 클래식을 들으면 지능이 좋아진다는 '모차르트 효과', 좌뇌와 우뇌의 역할 차이와 성차에 대한 지나친 강조, 집중력을 높인다는 여러 가지 제품들은 사실 신경 과학적 근거가 매우 빈약하고 신화에서 와전된 것들이 많습니다. 교육열이 뜨거운 우리나라 역시 교육 신경 과학의 거품은 결코 남의 일이 아닐 수밖에요.

신경 과학기술의 발전 방향을 인류에 실질적으로 기여하는 쪽으로 만들려면 시민사회의 적극적 참여가 필수입니다. 인공지능이나 생명공학 같은 다른 기술들과 마찬가지로 우리는 신경 과학기술이 야기할 수 있는 윤리와 사회적 문제점을 해소할 수 있도록 섬세한 감시와 평가의 시선을 유지해야 하겠지요. 과도하게 신경 과학 기술의 효과를 내세우는 회사의 제품을 무턱대고 사지 않고 꼼꼼하게 검증하는 똑똑한 소비를 하는 것도 좋은 방법입니다. 그럴 때에야 비로소 우리는 낯선 기술들과 함께 살아가는 방법을 알게 될 것입니다.

나오는글

이 책을 쓰는 동안 많은 일들이 일어났습니다. 가장 큰 변화는 물론 코로나19 팬데믹이지요. 대부분의 사람들이 사스나 메르스처럼 이번에도 곧 바이러스가 사라질 거라고 생각했지만, 코로나19는 끈질기게 생명력을 유지하고 있습니다.

이번 코로나19 팬데믹은 과학기술과 우리가 살고 있는 세계의 관계에 대해 다시금 많은 것을 생각하게 합니다. 우리는 그동안 과학기술의 발전으로 모든 질병을 극복할 수 있다고 여겨 왔습니다. 바이러스쯤이야 얼마든지 없앨 수 있다고 자만했던 셈이지요. 바이러스는 그저 제거해야 할 대상이 아니라 우리와 함께 살아갈 동반자라는 점을 간과한 것입니다. 인류를 비롯한 생명의 진화 과정에서 바이러스는 없어서는 안 될 존재였고, 인간을 비롯한 영장류의 유전체에도 바이러스에서 유래한 2개의 DNA 가닥이 있습니다. 이것이 없으면 임신이나 배아의 발생, 면역 체계의 유지가 힘들다고 합니다.

아직까지 코로나19 바이러스가 최초로 어디에서 유래해서 어떻게 사람에게 감염되었는지는 확실치 않지만, 많은 과학자들은 인간 활동의 증가와 그로 인한 서식지 파괴로 원래 숙주인 야생동물들이 줄어들면서 나타난 현상으로 추측하고 있습니다. 결국 2차 세계대전 이래 가장 많은 사람들이 희생되고 있는 이번 팬데믹도 과학기술을 기반으로 한 그동안의 인간 활동이 초래한 결과인 셈입니다.

그리고 지금 우리는 이 책에서 다루었듯이 생명공학, 인공지능, 신경 과학 같은 새로운 기술들을 빠른 속도로 발전시키고 있습니다. 이 새로운 기술들이 미래에 어떤 결과를 낳을 것인지 우리는 알 수 없습니다. 유전자 재조합 식품의 사례에서 살펴보았듯이, 과학기술에는 처음에 예견하지 못했던 많은 불확실성이 나타납니다. 예측 불가능성이 있는 한 불확실성을 완전히 없애기란 불가능합니다. 그렇지만 이러한 불확실성을 최소화하려는 노력은 필요합니다. 과학기술을 연구하는 사람들은 물론, 과학기술을 다루지 않는 보통 사람들도 새로운 과학기술이 가져올 변화에 대해 성찰하고 진지하게 토론할 필요가 있는 것은 그 때문입니다. 그리고 우리는 지금까지 그래왔듯이 이런 기술들과 함께 살아가는 법을 배우게 될 것입니다.

이 책을 쓰는 동안 많은 분들께 도움을 받았습니다. 지난 몇 년 동안 인공지능과 신경 과학을 주제로 중고등학교에서 '유쾌한 과학 토론'이라는 강의와 토론을 여러 차례 해 왔는데요. 함께 인공지능 토론을 진행해 주신 '가치를 꿈꾸는 과학'(가꿈)의 김추령 선생님, 신경 과학 토론을 해 주신 조영선 선생님과 토론에 참여해 주신 선생님들께 감사드립니다. 그리고 게으른 필자의 원고를 끝까지 기다려주신 풀빛 출판사의 편집진 여러분들에게 깊은 감사를 드립니다.

용인에서 김동광

참고 문헌

1장

'4차 산업혁명', 잔치는 이미 끝났다 강인규, 오마이뉴스, 2017.8.16.

《영국 산업혁명의 재조명》 김종현 지음, 서울 출판부, 2006.

《아버지의 라디오》 김해수 지음, 김진주 엮음, 느린걸음, 2007.

《산업혁명사》 폴 망투 지음, 정윤형·김종철 옮김, 창작과 비평사, 1987.

《쓰쓰돈 돈쓰 돈돈돈쓰 돈돈쓰》 박흥용 지음, 황매, 2008.

〈산업혁명의 역사적 전개와 4차 산업혁명론의 위상〉 송성수, 《과학기술학연구》 17권 2호, 한국과학기술학회, 2017.

《산업혁명과 기계문명》 양동휴·송승철·윤혜준 지음, 서울대학교출판부, 1997.

〈4차 산업혁명과 개인정보 규제완화론〉 장여경, 《과학기술학연구》 17권 2호, 한국과학기술학회, 2017.

《테크놀로지의 종말》 마티아스 호르크스 지음, 배명자 옮김, 21세기북스, 2009.

《낡고 오래된 것들의 세계사》 데이비드 에저턴 지음, 정동욱·박민아 옮김, 휴머니스트, 2015.

'*This Is Not the Fourth Industrial Revolution; The meaningless phrase got tossed around a lot at this year's World Economic Forum*' Elizabeth Garbee, Slate, 2016.1.29.

2장

'자율 주행차 사고의 법적 책임' 김익현, 리걸타임즈, 2018.04.13.

'[人터뷰] 자율주행 사고 책임, '운전 주체'가 결정' 권용주, 오토타임즈, 2019.2.28.

'운전대 없는 세계-누가 자율 주행차를 두려워하는가' 전치형, 과학 잡지 《에피》 4호, 2018.

'알파고 충격 3년, 프로 바둑계가 세졌다' 정아람, 중앙일보, 2019.03.11.

'알고리즘 거버넌스, 4차 산업혁명, 아직 말하지 않은 것들' 최은창, 《Future Horizon》, 2017.

《AI의 미래, 생각하는 기계》 토비 월시 지음, 이기동 옮김, 프리뷰, 2017.

《인간의 인간적 활용; 사이버네틱스와 사회》 노버트 위너 지음, 이희은, 김재영 옮김. 텍스트, 2011.

《무자비한 알고리즘: 왜 인공지능에도 윤리가 필요할까?》 카타리나 츠바이크 지음, 유영미 옮김, 니케북스, 2021.

《놀라운 가설: 영혼에 관한 과학적 탐구》 프랜시스 크릭 지음, 김동광 옮김, 궁리, 2015.

'*Can an Algorithm be Agonistic? Ten Scenes from Life in Calculated Publics*' Crawford Kate, Science, Technology, & Human Values, Vol. 41(1), 2016.

'*Is chess the drosophila of artificial intelligence? A social history of an algorithm*' Ensmenger Nathan, Social Studies of Science, 2011.

'상업화와 과학지식생산양식 변화 - 왜 어떤 연구는 이루어지지 않는가?' 김동광, 《문화과학》 겨울호(통권 64호), 2010.

'GMO의 불확실성과 위험 커뮤니케이션: 실질적 동등성 개념을 중심으로' 김동광, 《한국이론사회학회》 통권 16집, 2010.

'지향점으로서의 공익 과학' 김동광, 《시민의 과학》, 시민과학센터, 사이언스북스, 2011.

《GMO 유전자조작 밥상을 치워라!》 김은진 지음, 도솔출판사, 2009.

《GMO 사피엔스의 시대》 폴 뇌플러 지음, 김보은 옮김, 반니, 2016.

《급진과학으로 본 유전자, 세포, 뇌》 힐러리 로즈·스티븐 로즈 지음, 김명진·김동광 옮김, 바다출판사, 2015.

《과학의 새로운 정치사회학을 향하여 - 한국어판 서문》 스콧 프리켈·켈리 무어 지음, 김동광·김명진·김병윤 옮김, 갈무리, 2013.

《바이오안전성백서 2017》 한국바이오안전성정보센터, 2017.

'Difficulties in Evaluating Public Engagement Initiatives; Reflections on an Evaluation of the UK GM Nations? Public Dabete abaut Transgenic Crops' Rowe et al, Public Understand of Science, 2005.

'An Illusory Consensus behind GMO Health Assessment' Krimsky. S., Science, Technology, & Human Values, 2015.

'Conflicts of Interests, Confidentiality and Censorship in Health Risk Assessment: The Example of an Herbicide and GMO' Se´ralini, G.E. R.M. Mesnage, N. Defarge, et al., Environmental Sciences Europe, 2014.

《열광의 탐구: DNA 이중나선에 얽힌 생명의 비밀》 프랜시스 크릭 지음, 권태익·조태주 옮김, 김영사, 2011.

《유전자의 세기는 끝났다》 이블린 폭스 켈러 지음, 이한음 옮김, 지호, 2002.

4장

《완벽에 대한 반론》 마이클 샌델 지음, 이수경 옮김, 와이즈베리, 2016.

《특이점이 온다: 기술이 인간을 초월하는 순간》 레이 커즈와일 지음, 김명남 옮김, 김영사, 2007.

《증강현실》 브렛 킹 지음, 백승윤·김정미 옮김, 미래의 창, 2016.

《급진과학으로 본 유전자, 세포, 뇌》 힐러리 로즈·스티븐 로즈 지음, 김명진·김동광 옮김, 바다출판사, 2015.

《신경과학이 우리의 미래를 바꿀 수 있을까?》 힐러리 로즈·스티븐 로즈 지음, 김동광 옮김, 이상북스, 2019.

《인간에 대한 오해》 스티븐 제이 굴드 지음, 김동광 옮김, 사회평론, 2003.

《시냅스와 자아》 조지프 르두 지음, 강봉균 옮김, 동녘사이언스, 2005.

'*Neuroethics: The ethical, legal, and societal impact of neuroscience*' Farah M.J., Annual Review of Psychology, 2012.

The Neuro Revolution: How Brain Science is Changing Our World, Lynch Z. New York: St. Martin's Press, 2009. [한국어판] 《브레인 퓨처 : 뇌 과학은 세상을 어떻게 변화시키고 있는가》, 김유미 옮김, 해나무, 2010.

Human Nature in an Age of Biotechnology_The Case for Mediated Posthumanism Sharon Tamar, Springer Netherlands, 2014.

비행청소년
21

낯선 기술들과 함께 살아가기

미래 과학은 우리 삶을 어떻게 바꿀까?

초판 1쇄 발행 2021년 9월 15일
초판 2쇄 발행 2022년 5월 2일

지은이 김동광
펴낸이 홍석
이사 홍성우
인문편집팀장 박월
담당 편집 박주혜
디자인 이혜원
마케팅 이송희, 한유리, 이민재
관리 최우리, 김정선, 정원경, 홍보람, 조영행, 김지혜

펴낸곳 도서출판 풀빛
등록 1979년 3월 6일 제2021-000055호
주소 07547 서울특별시 강서구 양천로 583 우림블루나인 A동 21층 2110호
전화 02-363-5995(영업), 02-364-0844(편집)
팩스 070-4275-0445
홈페이지 www.pulbit.co.kr
전자우편 inmun@pulbit.co.kr
사진 자료 위키피디아

ISBN 979-11-6172-808-7 44500
        978-89-7474-760-2 44080 (세트)